Le style
EIFFEL

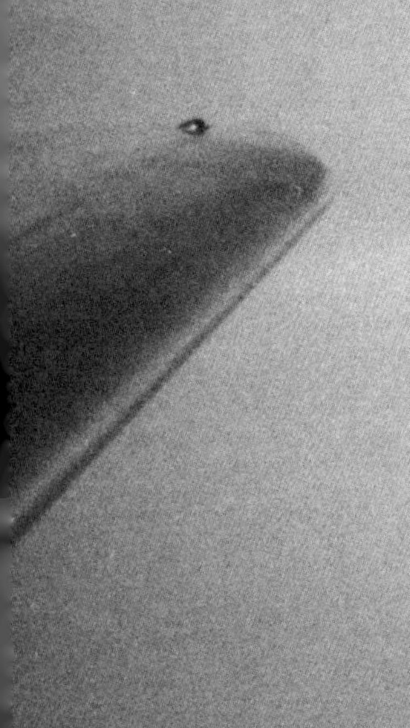

埃菲尔风格

［法］马尔蒂娜·樊尚 著

［法］布丽吉特·迪里厄 主编

谢津津 译

Le style EIFFEL

商務印書館
创于1897 The Commercial Press

2017年•北京

PARIS — La Tour Eiffel
Vue Panoramique
PARIS-R.P.
18
NOV
12
DEPART

目　录

视线、物体、象征，人们赋予它的全部想象造就了这座塔，这想象是无穷尽的。它既是被观看者又是观看者，是无用的建筑物又不可替代，是日常世界又是英雄的象征，既是历尽世纪的证人又是历久弥新的纪念碑，是不可模仿的造物又从不间断地被创造着，它是纯粹的符号，向所有时代、意象、和感观开放，它是一个永不停歇的隐喻；这座塔赋予人们想象力的自由——从来没有一段历史，哪怕是再灰暗的历史，都不可能剥夺人类想象的自由。

罗兰·巴特，《埃菲尔铁塔》，1964

引　言

埃菲尔铁塔的历史从什么时候开始？是它的四个支架从地面升起的时候吗？1887年，铁塔在建造之初就遭到了众多艺术家们的反对，他们表达了一个时代对工业化和钢铁世纪的忧虑。这座巨型大桥的往事实在太多！但现代化进程会在日后证实："建筑美学的首要原则是功能决定建筑物的外观。"

埃菲尔的历史从开幕典礼开始虽然遭受了精英们的批评，它却在普罗大众中取得了巨大的赞誉。为期六个月的世界博览会上，埃菲尔铁塔压过各国展馆，彰显了科学技术的进步，为一个时代唱响赞歌。

还是从新一代的艺术家和建筑师称颂它的设计和装饰的时候开始呢？多亏了他们，一直不足为人所称道的金属结构才得以展现出来，由铆钉作为主导元素的全新风格系统广为流行。

是它成为巴黎的绝对象征的时候开始吗？1950年，克里斯蒂安·迪奥（Christian Dior）的模特队在铁塔前的特拉卡特罗广场上走秀。2010年，时尚名流频频亮相铁塔，在它金属裙边的周围，充满了香水味的逸事。它是一种价值，像时尚大师一样给巴黎署名，它代表了一种优雅和生活的艺术。

还是在最后，当它给我们带来无尽的想象，一次次邀请我们做全新的梦幻之旅时，它的历史才算开始呢？铁塔的诞生是众多事件造就的，每次它都能凯旋而归，头顶星空，脚踏大地，留下一副和苍穹窃窃私语的倩影。不论在艺术上还是在政治上，它都曾让人们各执一词，现在却齐集了世上所有的价值标杆。仅凭它的纪年表就能让人眩晕。它所经历的任何年代都不足以解释这位钢铁巨人。那些数据、那些功绩能说明什么？不过是形容词最高级的长篇堆砌。最高，拍摄次数最多，仿造最多，周边产品最多，参观人数最多（每年会有600万的观光客），它永远都遥遥领先。同时，它是拍卖会上最难获得的珍品之一——绝对的象征——哪怕是一小段楼梯。一直以来人类也总想和它较量一番，巨像的诱惑挑战人类的勇敢。1917年，“鸟人”在埃菲尔铁塔经历了致命的一跳；1923年，一位体育专栏作家骑自行车冲下一层楼的363级阶梯；1977年，高尔夫冠军安诺·庞玛（Arnold Palmer）在铁塔上表演了超级发球；1983年，一对英国夫妇在铁塔上跳伞；2010年，滑轮冠军泰戈·格瑞斯（Taïg Khris）从铁塔第二层成功试跳。

这位百岁老人活着，改变着，与时俱进，而它的故事从未曾停止，像在迪诺·布扎蒂（Dino Buzzati）的小说《K》中的“埃菲尔铁塔”，筑到了300米，工程师埃菲尔仍敦促工人们继续建造，一个工字钢再一个工字钢，“高耸入云，一层层加固，像安放一个个鸟巢，人们从城市里抬头时，已经看不见它了，因为它伸入了云山雾海，直到九重天”。

ALLEMAGNE

金属时代

埃菲尔铁塔是一个时代的象征，为世界博览会增添了独特的魅力。

工业风格自此开始。

G.&J. WEIR. LTD.
CATHCART. GLASGOW
SEUL REPRESENTANT EN FRANCE M. JULLIEN
35 BOULEVARD DE LA MAJOR · MARSEILLE ·
ATELIERS

铁石之争

19世纪，巴黎几乎找不到片钢寸铁。
人们认为铁是俗气的，很少展示出来，
只用于装饰，或埋没在砖瓦之中，
用来替代木质结构。

事实上，铁这种新式建材引起了不小非议。因为它对业已成熟的建筑选材提出了质疑。贝尔纳·马雷(Bernard Marrey)* 提到："当时建筑师各执一词，整个19世纪和20世纪上半叶，决策者们的想法都围绕着这个问题：铁究竟应该被表现出来还是被掩盖？"

19世纪两大建筑流派以此展开：折中派，崇尚兼收并蓄，提倡混合建筑艺术史上各个时期的风格；唯理派，认为应服从材料的惯例，试图在建筑中寻找符合时代要求的基本原则。唯理派的追随者和捍卫者多为建筑工程师，而且不在少数。艺评家于斯曼斯（J.-K. Huysmans）表达了对这种新材料的看法："建造过巴黎北火车站、巴黎中央食品批发市场和维耶特屠宰市场的建筑师和工程师们创造了一种新艺术，和过去的艺术一样崇高，一种完全当代的艺术，顺应当今时代的需求，几乎摒弃了一切石头、木材、从土地而来的粗糙材料，从工厂和熔炉里获得了铸铁的力量和轻巧。"

为1889年世界博览会建造的巴黎机器长廊，开创了钢铁建筑的先河。

* Bernard Marrey, *Le fer à Paris*, Éditions Picard-Pavillon de l'Arsenal, 1989.

DÉFENSE DE FUMER
DÉFENSE DE FUMER

积少成多，金属建材渐具规模，从图书馆到巴黎中央食品批发市场，拿破仑三世都责令建筑师巴勒塔尔使用钢铁。正如左拉在《巴黎之腹》中写道 ：“屋顶的折角投下昏昏欲睡的倒影，主梁林立，更显影影幢幢，精巧的次梁仿佛无限延伸，回廊被隔断，百叶窗被翻起 ；而在城市之上，直到幽暗的深处，全然是另一片植被，另一片芬芳，金属在傲然蓬勃地生长，根茎直冲如箭，枝丫卷曲交错，好像一片百年大树林，荫泽一方世界。”

1874 年的巴黎殡仪馆，位于德伯维尔路（d'Aubervilles）。现为 104 艺术区（Centquatre），2008 年开放，是当代艺术创作的大本营。

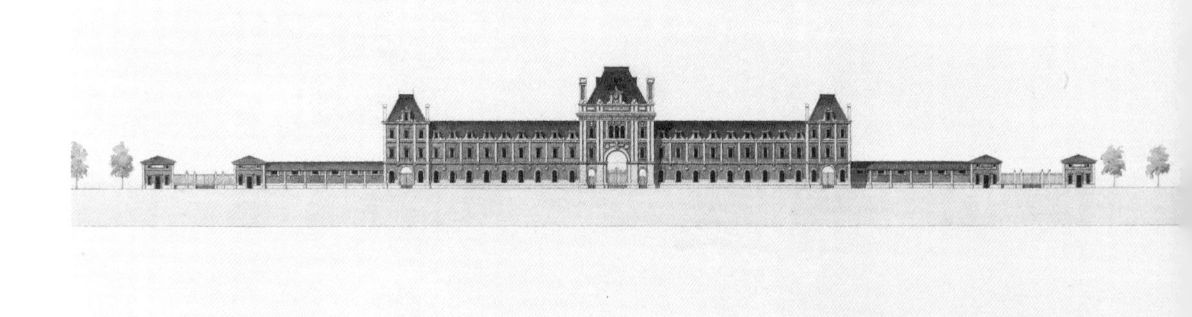

19 世纪，工业革命令冶金工业突飞猛进。钢铁建筑进入全盛时代。市场、火车站、仓库无不张扬钢铁和玻璃的联合。轻质、镂空的新型建筑物如雨后春笋。而旧式工厂都改造成为巨型 Loft 复式楼。

左上图：巴黎巴勒塔尔中央食品批发市场（les Halles Baltard）。建成于 1970 年，现在改造成了雷阿现代购物中心（Forum des Halles）。
左下图：巴黎屠宰场草图，查理·卡尼尔（Charles Garnier），约 1859。
上图：位于蒙特荷耶-苏-布瓦（Montreuil-Sous-Bois），旧工厂内，一对夫妇改造了他们的生活和工作共用的空间。

奥迪龙 · 卡帕（Odilon Cabat）

符号学家

“埃菲尔铁塔的价值就在于它毫无实用功能，
它创造出来仅供人观看。”

在巴黎所有的宏伟建筑物中，埃菲尔铁塔是最中性的，既无宗教性质，也无战争含义。它毫无功用，而这正是它的价值所在。这并不妨碍它富含象征，它是战神广场上工业精神的体现，既代表了世界博览会，也代表了法国大革命。既是技术的大总汇，又是一种独特的镂空技艺，就像 19 世纪大挂钟的生产工艺，能让人透过钟盘看到齿轮的运作。这种轻巧感几乎给人一种脆弱的印象。但同时它也蕴含了无限的权威，四脚基座体现且汇集了一种国家的凝聚力。这是一座建造在天与地之间的大桥。别忘了古斯塔夫 · 埃菲尔的寓所就曾搭建在塔尖的最高层：这是科技和儒勒 · 凡尔纳式的科幻梦想的结合。

1937 年巴黎国际展览会。从天鹅岛（l’île aux Cygne）取景拍摄的埃菲尔铁塔。

桥与房

居斯塔夫·埃菲尔在勒瓦鲁瓦-佩勒（Levallois-Perret）的建筑公司，因建造过大型公路和铁路闻名于世。该公司也为巴黎的地铁建造过许多横跨塞纳河的桥梁。

19世纪末，作为殖民帝国的法国正缺乏基建设施，这为工业家们提供了新的机遇。埃菲尔公司事实上早已进驻西贡，而且他们的项目遍及非洲、安第斯群岛和留尼旺。当地的道路植物丛生，车辙交错，居民被迫从浅滩过河。在这些新兴国家中，埃菲尔公司为当地政府和企业带来了许多大手笔，那些可拆卸桥梁都是居斯塔夫·埃菲尔的专利产品。居斯塔夫·埃菲尔公司储备充足，在向客户发出大桥组装件的同时，还会附上一份详细的装配说明。

埃菲尔的工厂提供大量的金属建筑物，那些惊人的“成品”小房屋随时可以投入安装。在瓜德罗普，几所小房子的故事别具浪漫色彩：一个路易斯安那州富商在埃菲尔工厂定制了两套房屋，作为女儿的嫁妆。1876年货船从法国出发预计抵达新奥尔良，但中途小房屋遭到损坏，船长不得不开往普瓦特-阿-皮特尔（Pointe-à-Pitre）

这些建筑物都让工字钢和十字铁横梁暴露在外。普通桥和高架桥横跨河岸，这些架空的金属建筑物带来一道网格式的城市景观。此照片取自让-克里斯多夫·巴洛（Jean-Christophe Ballot）的摄影作品集，特别记录了1993—1994年间巴黎的城市风光。

进行维修，并且不得不卖出了船上的其他货物来应付维修费。这其中的一座扎瓦洛（Zevallos）小屋被一个制糖商买下，现在已改造成圣琼·佩斯博物馆，这是安第列斯群岛上最美的克里奥尔式小屋，完全融合在热带植物丛中，整个房屋结构由一条条小型轻巧金属支架组成。另一座小屋则安置在甘蔗商的工厂旁边；由钢铁和玫瑰色砖块建成，四周围了一圈铁质露台，由细长的支柱支撑。现在它已被改造成一家饭店。

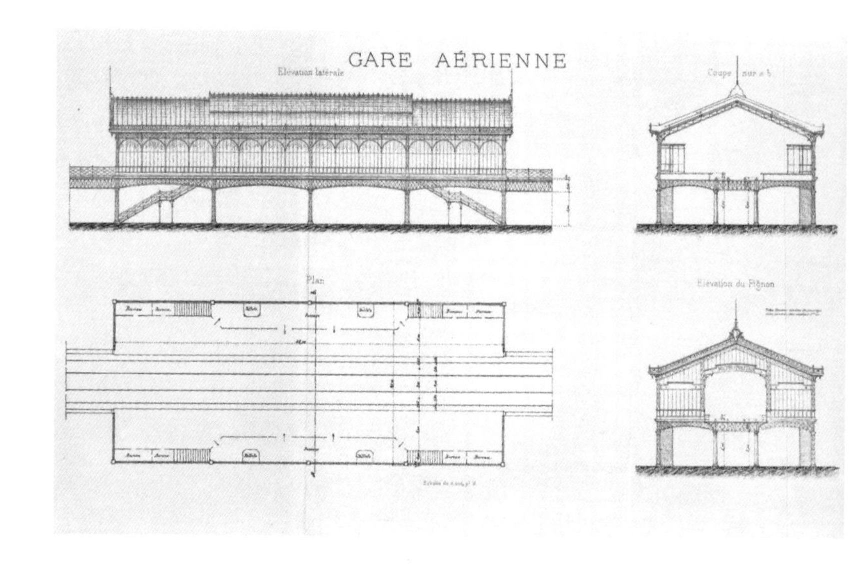

世界博览会的成功给埃菲尔带来了一项未能完成的巨大工程——巴黎大城区列车网。这项工程只停留在草图阶段。继中央市场和大型商贸市场建成之后，火车站是第二帝国的另一伟大工程。钢铁成就了永恒的建筑。

左下图：中央地铁线草图预案，1890 年 4 月 19 日由埃菲尔基建公司设计。
上图:1946 年雷诺 · 吉通(René Giton)拍摄的巴黎北火车站。

世界博览会的主基调

世界博览会是一个时代的展示窗，
各国通过前沿技术，展示自我形象。

1851 年伦敦世界博览会是 19 世纪首个大型工业技术展示会。英国人为此建造了钢铁和玻璃的水晶宫，虽然仅仅持续数月，却是整场博览会的最亮点。这座宫殿展现了钢铁的灵活多变和大型组装结构的成功：70 000 平方米的铸铁立柱，栅状梁，圣安德鲁十字，一面巨大的玻璃外立面。所有部分都是可拆卸的。几近完美。还要怎样才能更大、更美、更高呢？

1855 年在巴黎召开的世界博览会也发起挑战，工业馆的钢铁结构征服了观众。而 1889 年的世界博览会势必要有特别出色的表现，既因为恰逢法国大革命一百周年，也为了重振经济。机器廊（埃菲尔负责了工程核算）和铁塔的建造将金属建筑推向了巅峰。会有一座惊人之塔诞生的消息被广而告之，而这个工程落在了对建筑和科学梦想痴迷的年代。

“1889 年在巴黎举办的世界博览会是为了纪念法国大革命一百周年。一项卓越的工程展开了，这将是全世界最高的纪念性建筑。”

1889 年 5 月 15 日，世界各地的参观者涌入战神广场。埃菲尔铁塔雄踞整个巨大的博览会会场。

52 岁的工程师埃菲尔有一段引人入胜的生平。作为众多建筑物的设计者，他的大师地位早已奠定。他的施工地遍布瑞士和俄国，在葡萄牙，他还为自由女神像和布达佩斯火车站提供了结构设计。火车站全部使用金属，没有新古典主义的外墙，钢铁结构全部展示在外。埃菲尔还是位桥梁专家，在河内大桥、波尔多天桥、加拉比高架桥（Viaduc de Garabit）中，他都采用了预制的建造模式：所有构件都事先在勒瓦鲁瓦工厂制作完成，然后在施工现场装配，就像一座大型的美卡诺（Meccano）拼装玩具。工程队只需将各个零件组装起来，没有脚手架，而是用十字堆砌、不断叠加的方法拼装。通过这种办法，桥梁的各部分被零售到世界各地，然后

自由女神像，埃菲尔设计了内部结构。简单的塔形构架，和建筑师迪泰尔（Dutert）为 1889 年世界博览会所建的高架桥、机器廊的结构一样。可谓工业技术的创举。

Le
Petit Journal
7000000
5
MAISON THONY
VINS

工程师出身的埃菲尔，这位钢铁魔术大师，变成了流行先锋，给当代建筑家们带来了无数灵感。2010年上海世界博览会，建筑师雅克·费里耶（Jacques Ferrier）给法国馆加了一层独特的金属皮肤，不禁令人联想到他的心路历程（见右上图）。在努瓦西耶尔（Noisiel），法国雀巢的默尼耶（Menier）分厂是工业建筑史上一项出彩的案例（见右下图）。1860年由埃菲尔的合作人建筑师儒勒·索勒尼耶（Jules Saulnier）建造，现在是该公司办公所在地。

在极短时间内依据指示说明装配起来。在西班牙、葡萄牙、阿尔及利亚，直到罗马尼亚，工人们用细长的支架在深堑巨谷间支起了一座座金属十字横梁。加拉比高架桥于1884年建成，称得上埃菲尔铁塔的长兄，它预示了铁塔的身形和结构，也展现了这位工程师的胆量。

以钢铁建筑闻名的埃菲尔很清楚怎样控制其最大的敌人：风。他的气度、理念和当时工业革命的大环境一拍即合。当商务部广募方案，招标竞赛，希望建造一座“方形基座，125米宽，300米高的铁塔”时，埃菲尔已经准备好了。

“机器廊（埃菲尔负责了工程计算）和埃菲尔铁塔的建成，标志了金属建筑的兴起和至高的荣誉。”

24 页图:马克 · 吕布 (Marco Riboud) 拍摄的埃菲尔铁塔，1964 年。

25 页图 : 加拉比高架桥，建成于 1882—1884 年。由埃菲尔和西 · 埃菲尔合伙公司建造。埃菲尔也是桥梁工程师，将桥梁建造原理带入了埃菲尔铁塔的建造中。

一座塔的诞生

儿项工程同时开工，一争高下。

1874 年的费城世界博览会时，

一座 300 米高的铁塔已经在设想之中。

美国的设计师们将它想象成一座新巴比伦塔。“美国是现代国家中最年轻的。我们要为第一个百年政治生活修建一座高塔。巴比伦塔是用太阳下晒干的黏土堆砌成的，当时言语不通，塔高还不到 156 英尺，我们要用优雅的金属立柱建到 1 000 英尺，要立一个巨大的地标，荣耀有史以来的科学和艺术的进步。”虽然这座塔未能建成，但巨塔梦一直萦绕在人们的心头，最终在埃菲尔铁塔上得以实现。在法国工程师群体中，有一位叫瑟比约（Sebillot）的美国人，带来了“太阳塔”的想法，他和建筑师儒勒·布尔代（Jules Bourdais）合作，两人设想了一座 300 米高的石塔，装饰得富丽堂皇，塔尖高耸成一个巨大的指明灯。但这个建筑物过于笨重，在建造上也过于繁复，且难以抗风。

塞纳河沿岸，桩基稳定才能支撑住建筑物。金属密封沉箱投入了使用，随着开挖的深入，工人们可以在水平面下操作，开凿、挖方。插图刊于 1887 年 4 月 30 日的《巴黎画报》。

1884年，在勒瓦鲁瓦-佩勒的埃菲尔工作室，工程师克什兰（Koechlin）和努吉耶（Nouguier）交给他们老板的是一幅巨大铁塔的草图，各梁网格状交错，一直延伸至塔尖，每隔50米由一个平台连接。埃菲尔称“不是很有趣”，鼓励工程师们继续研究。公司的资深工程师史蒂芬·索弗斯特（Stephen Sauvestre）也加入到他们当中，把草图重新修改，画出了塔的砖石支脚，并在四个支脚上增添了拱形结构；他还在第一层上装了一条玻璃长廊，可用以接待观众。如此“润色”完毕后，这项草案赢得了埃菲尔的肯定，并买下了工程师们的设计。在政府删选的700幅草图中，18幅最终留了下来。埃菲尔排在布尔代之前，尽管后者在最后一刻也将大理石结构换成了钢铁。在呈现给当时的国家工程师协会（Société des ingénieurs civils）时，埃菲尔称他的草案代表了“现代工程师的艺术和科技工业时代”，并将这一说法通过报刊广为宣传。在铁塔的功能上，他突出了科技、气象学和天文学上的成就，但这些归根到底都是爱国的体现，因为铁塔是一项证明，标志着历经启蒙时代和1789年大革命的法兰西获得了世界的认可。

厚重的沥青和煤油的浓烟扑面而来，钢铁在锤击下发出刺耳的声响，震耳欲聋……工人们支撑在几厘米厚的基座上，轮流用大头锤捶打……简直就像村子里的铁匠铺，铁匠们专心致志，富有节奏，在一个大铁砧上锤击；只是他们不是从上至下垂直方向锤击，而是水平方向，每击一次火星四溅，蓝天碧空的背景下，黝黑的工人们变得高大无比，像是在云端上割着闪电。

埃米尔·古多，记者，《画报》，1889

埃菲尔一举中标。1887年开工时，草图更为简洁明确，和如今所见的铁塔相近。三分之二的工程会在勒瓦鲁瓦-佩勒工厂制作完成，并标上标号，在现场组装时仅需要300个工人。

这是技术上的成功，金属镂空结构在空中的疏密交替全由此实现。这种技术要求杰出的精确性，四脚基座的熔合只允许几毫米之差。埃菲尔清楚他能一路顺当。既不迟误也无事故，24个月后，这座庞然大物完工了。铁塔的成功表现了钢铁优雅、通透的优势，开启了建筑外观革新的道路。这也是工程师们的荣耀，是他们的想象力和技术的展现。1980年贝尔纳·勒穆瓦纳（Bertrand Lemoine）* 在《建筑和工程师》一书中写道："工程师们的作品树立了一座里程碑，一座向技术的繁荣、向后代和未来的进步致敬的里程碑。铁塔是世界博览会上的女神，大都会的象征。"二十多年之后，勒·柯布西耶通过他的论著和草图更将埃菲尔美学推向了巅峰。

"20年之后，埃菲尔铁塔本该拆除……却幸免于难，埃菲尔所推动的技术和电信的尝试，使它开始了崭新的生涯。"

* Sylvie Deswarte Et Bertrand Lemoine, *L'architecture Et Les Ingénieurs*, èdtions Du Moniteurs, 1999.

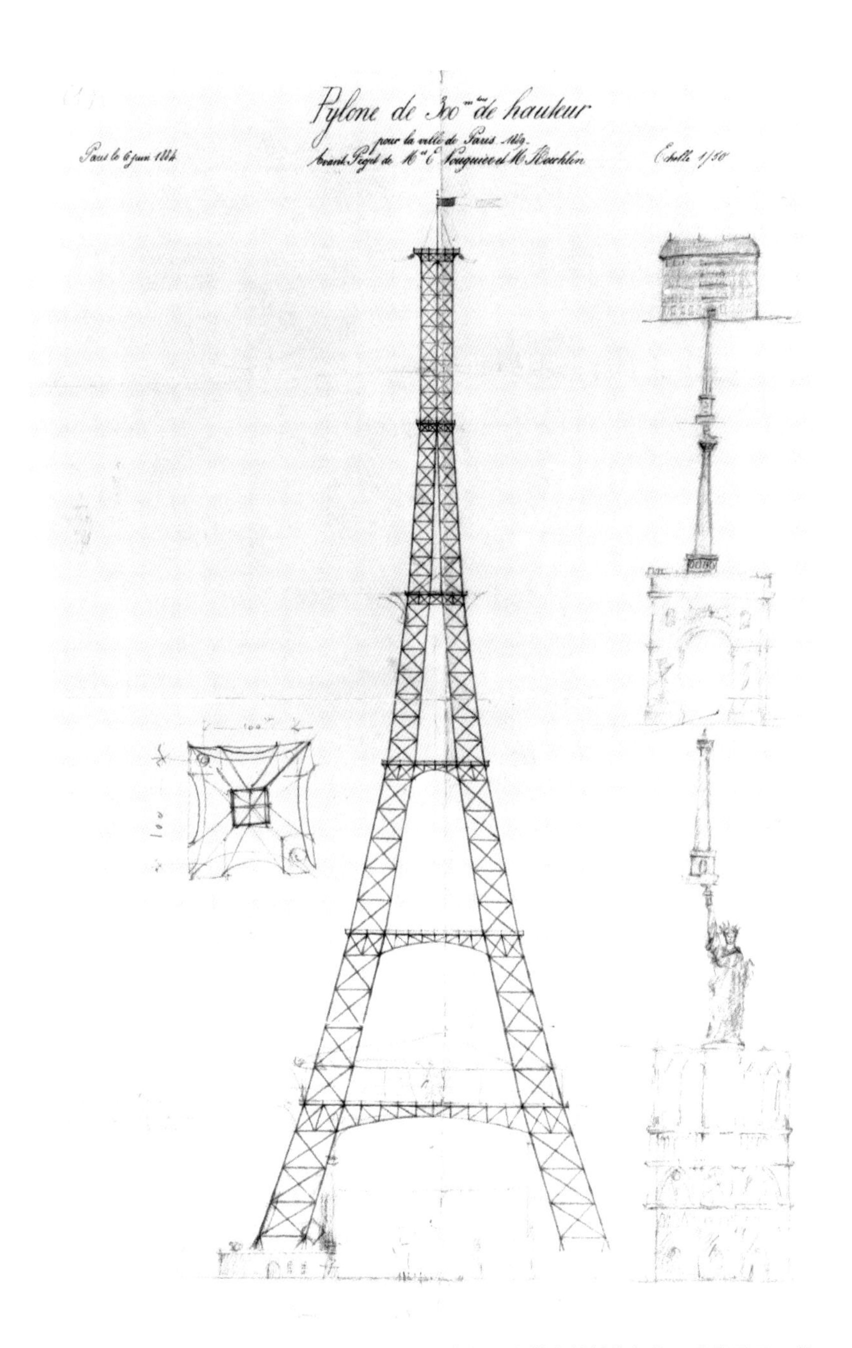

每四根金属梁由对角结构相连接，直到塔尖。中间又有横向的结构相连，底部呈开口状，以加强抗风性。这张基础草图的灵感来源于金属高压线塔。这张早期草图出自埃菲尔的工程师们：克什兰和努吉耶，之后由建筑师索弗斯特修改，添加了拱形装饰及一层的玻璃廊。

1888 年 3 月，埃菲尔铁塔的一层建至 57 米，平面面积约 4 200 平方米。1888 年 9 月，铁塔再次升高，自第二层开始，铁塔的线条基本成型——支架间的圆拱结构，一层的玻璃廊……1889 年 3 月，铁塔建成，10 万名参观者登上了高塔。

登高，一场远征！

在1889年世界博览会的留言册上，一名记者讲述了攀登上塔顶的过程："我们从西面的楼梯开始登塔；差不多有400级楼梯，但因为当中设有多个平台，整个登高过程并不是特别累人……在我们的另一头，透过坚固的金属林，在钢铁丛中，可以看到孔巴吕齐耶（Combaluzier）电梯在缓缓攀升，每次里面都挤满游客。可别妒忌他们……从电梯上可以看到外面的景观，但太快了；我们走楼梯，巴黎就会慢慢展现在你面前，这是大部分人所不知道的，甚至是巴黎人，尤其是巴黎人……每上升一个台阶，巴黎全景就更远更开阔。就好像在远处地平线的尽头，有些隐身的画家，一瞬间在画布上添上了不一样的背景。我们还没有到达三座六层楼楼房叠加的高度。巴黎的前景都落在下面，像倒在大地上一样，而天际线不断抬高，被阳光燃成金色。在第二层的平台上，太美妙了。我都不能再说些什么。"

1889年，在铁塔顶部险峻的螺旋扶梯上，埃菲尔和他的合作人合影。正是这段楼梯在拆卸后，于拍卖会上拍出天价。

菲利普 · 西蒙

城市规划建筑师

“埃菲尔铁塔的现代性在于万变不离其宗。”

铁塔自建成以来从未停止改变。起初，工程师们提供的草图像一座细长的油井架，建筑师索弗斯特于是用底层的拱形结构美化，强调了它的基座和纵升效果。外部结构已十分合理，埃菲尔又让人加上了一些元素，加强了铁塔的表现力，让它看上去更像一个工业品。在文献中，埃菲尔曾提到要在空中建造一个村庄，将参观者置于高空的平台上，这些平台上开设木质接待亭，而每个接待亭都置于绑缚在金属基座的花团锦簇的假山上……几乎像阿尔卑斯山的一角，像大山中的小屋……这也是埃菲尔铁塔诗意的一面，这种诗意让它和儒勒 · 凡尔纳一样历久弥新……

从一开始，城市规划的不断推进都试图让铁塔和时代与时俱进。2020 年即将到来，铁塔的参观和接待将考虑参观者和工作人员的舒适度。那时或许可以通过网络预订 15 点 25 分的参观时间！电梯也不再直接通向 4 层，得考虑多种换乘。铁塔是一座巨大的运客机器，可以在里面安排等候厅、餐厅、换乘站、登塔厅，就像在机场那样。

错综交叠的金属架，完全悬空在外，登塔后予人目眩之感。

上图：皮埃尔·雅昂（Pierre Jahan）眼中的埃菲尔铁塔的阶梯，摄于1935年。
右图：位于努瓦西耶尔，默尼耶巧克力店述说着工业建筑的黄金时代。

埃里克·吉尤阿尔（Eric Guillouard）

3D 着色工程师

“如今人们再不会通过颜色给埃菲尔铁塔定性，而是通过它的形状、高度和它不可复制的气派。”

作为巴黎最著名的建筑物，埃菲尔铁塔从 1968 年开始采用了一种中庸的褐色，以便和周围的都市风貌相符，这种褐色在周边的石灰岩质地的房屋、锌灰色的屋顶和白色的金属门窗的烘托下，表现出一种温和的单色画般的自然中性的色调。官方的说法，对全世界而言，“褐色的埃菲尔铁塔”作为巴黎的象征是最合适不过的了，这可能是它最美的裙子。然而埃菲尔铁塔也被设计成了彩色，作为灯塔的颜色，作为巴黎的光明象征的颜色，每选择一次颜色，就是一次创造的大胆壮举。

1887—1888 年，铁塔涂上了一层金属处理保护漆，以亚麻油和天然赭石燃料为基底：埃菲尔铁塔就像是红色的维纳斯。1889 年，它又被涂上了红色烤漆，一种和褐色相近的红色，或许和氧化铁，也就是铁锈的颜色更为相似。

1899 年，这座当时的最高塔向全世界传达了新的信息，它被覆盖上一层光亮，五色彩灯依次渐变，从底部的黄赭石色到塔峰的淡黄色。1954 年，铁塔仍保留这种黄赭石色，直到 1968 年，才复变为最初的红褐色。这也是铁塔革命性的一年。埃菲尔铁塔的褐色和巴黎的景观合二为一，随着岁月的流逝，平复、融合、消解在城市的背景中。幸运的是，色彩即时尚，而世界从未静止……

艺术家
手中的铁塔

画家、摄影师、作家……艺术家们让铁塔有了人格，“突然之间，所有人都在这个什么都不像的造物中找到了自己，这个纯粹的工业品，从惯常的视野中凸显出来”。当代艺术在这个原型中寻找到了各种自由的想象。

一件作品引发的争论

当时官方的艺术家们是第一批铁塔的诋毁者。

竣工之始恶言未歇。

文学艺术界联名请愿，成为这次激烈反抗的主体，其中有盖·德·莫泊桑、亚历山大·大仲马、查理·加尼叶（Charles Garnier）、弗朗索瓦·戈贝（François coppée）及其他人。他们一起抗议："在我们首都的心脏地带，竖立这等无用的庞然大物。"莫泊桑喊道："它简直是一具粗俗的大骨架。"莱昂·布洛瓦（Léon Bloy）则说："完全是座可悲的大路灯。"于斯曼斯——曾在1881年赞许过这个金属建筑的创意，现在则认为："它像座新型教堂的挂钟，在它里面正称颂着银行的神圣职能。"只有保罗·高更捍卫铁塔，宣扬钢铁建筑的美学："工程建筑师们拥有了一种新装饰艺术，螺钉装饰、突出于大线条的铁角在某种程度上说是一种铁制的哥特式结构。我们在铁塔中发现了这些。"

在《时代》周刊的一次采访中，埃菲尔为“他的”铁塔辩解，表明了他的立场：“我相信铁塔自有它的动人之处……真正的力量体现难道不是一种秘密的和谐吗？……铁塔的力量体现在哪里呢？在于它的抗风性。你看！我认为铁塔弧形的四个棱边，在精确的计算下，表现出了一种杰出的力量和美感……巨大的体形有一种吸引力，一种特有的魅力。”和新古典主义风格截然不同，铁制的图腾赢得了亨利·詹姆斯（Henry James）的青睐，1875年，他在回应巴黎歌剧院的建设时说：“建筑之美，见仁见智；依我看，它不美；但没人可以否认它独具特色，反映出了它的时代，它在讲述建造它的这个时代的历史。”铁塔表现了一种力量，在公众中取得了巨大成功，而分歧终将消逝。

冬季，巴黎迷失在浓雾之中。四个男人的背影出现在铁塔之前。在摄影师艾尔莎·塔勒马娜（Elsa Thalemann）眼中（1925），铁塔展现了它的金属镂空结构，比任何时候更显得轻盈。

在300米处，人们不是在搭建穹顶的屋梁，而是一条叠着一条，往天穹的方向，搭起钢铁的柱梁。一杠接着一杠，一块铁接着一块铁，一段工字钢接着一段工字钢，螺钉和铁锤相撞击，响彻云霄，一团云彩就像个共鸣箱……我们和其他人，都在七重天上……于是我们开始发现美妙的真相，慢慢明白秘密的缘由。我们不再是机械工人，是真正的开拓者、探险家，我们是英雄，是圣人。渐渐我们发觉埃菲尔铁塔的修建从未停止，我们明白为什么工程师对基座的比例那么挑剔，那四个巨大的铁爪子看上去绝对不合比例。建造不会停止，直到时间的尽头。埃菲尔铁塔还在向天际攀升，超过云层、风暴，超过高里三喀峰的顶峰。只要上帝赐给我们力量，我们就继续一个接一个铆紧螺钉，不断上升，我们之后，会有我们的子孙，在那座平坦的巴黎城里，人们根本无从知道我们，可怜的人们从来不知怀疑。

迪诺·布扎蒂（Dino Buzzati），《K》，1966

《战神广场：红色的铁塔》，罗伯特·德劳内（Robert Delaunay）作品，1911。

“牧羊人，噢，埃菲尔铁塔，今晨，桥似羊群叫唤不停。你受够了古希腊罗马的年代……”在《醇酒集》中，纪尧姆·阿波利纳尔歌颂了现代。就像一座万众归赴之桥，埃菲尔铁塔屹立在众桥之中。它如同庇护者，亲切的身影将巴黎的堤岸都聚拢在一起。
《新婚》，夏加尔作品，约1938。

铁塔占据了空间，却没有封闭这块空间，铁塔是第一座这样的建筑物。画家们对之情有独钟，许多当代艺术家都尝试了这种令人眩晕的透视手法。

从绘画到摄影

铁塔神话诞生于第二次世界大战期间。

1889 年以来，画家们从各个角度描绘它。

他们是乔治·修拉（Georges Seurat）、亨利·卢梭（Douanier Rousseau）、劳尔·杜飞（Raoul Dufy），他们使这座金属巨兽再现，使它成为真正的图腾。之后，有了现代艺术。“一直要等到 1910 年罗伯特·德劳内的眼光和好奇心，铁塔的绘画之旅才正式开始。”卡罗琳娜·马蒂厄（Caroline Mathieu）*写道，“铁塔的形体力量、它镂空的结构可以使画面通透、层叠，内外相互交织。”从外从内都是可视的，对于艺术家而言，这是一种开放的抽象，一种对光线和空间的研究依据……“新的灵感应铁塔而生，是它带来了桥、房屋、男人、女人、玩具、眼睛、书籍、纽约、柏林和莫斯科。”罗伯特·德劳内从 1910 年开始完成了将近 30 幅关于这座巴黎铁塔的画作，从最早一幅用立体主义表现铁塔开始，到 1926 年的那一幅，铁塔被分解，变得五彩斑斓，伸向天空。布莱兹·桑德拉尔（Blaise Cendrars）认为：“德劳内肢解了铁塔，将它放入自己的领地，他大肆削截、弯曲它，赋予它 300 米高的眩晕感，他采用了 10 种视角、15 种透视，这边是自下往上看，那边是自上往下看，包围着它的房屋从左从右，忽而鸟瞰，忽而仰望。”

* Caroline Mathieu, *Gustave Eiffel, le Magicien du fer*, Paris Skira-Flammarion, 2009.

左图：安德鲁·珂特兹（André Kertész）眼中的巴黎（1933）。和费尔南德·勒泽的画作一样（1959），埃菲尔铁塔代表了巴黎。
上图：费尔南德·勒泽（Fernand Léger）的石印画，选自《城》[1959，泰丽雅（Téria）出版社]。

先锋画家和摄影师抢占了铁塔的制高点，铁塔变成了一个实验主题，一个在光线和反差下的游戏，变出了各种抽象的、诗意的、超现实的形象。

右上图：《建筑片段》，艾尔莎·塔勒马娜，约 1925；右下图：配图诗《从天使圣母院拍摄的世界末日》，费尔南德·勒泽和布莱兹·桑德拉尔，约 1919。上图：当代艺术家卡特琳娜·伯娜（Catherine Benas）的拼贴作品。

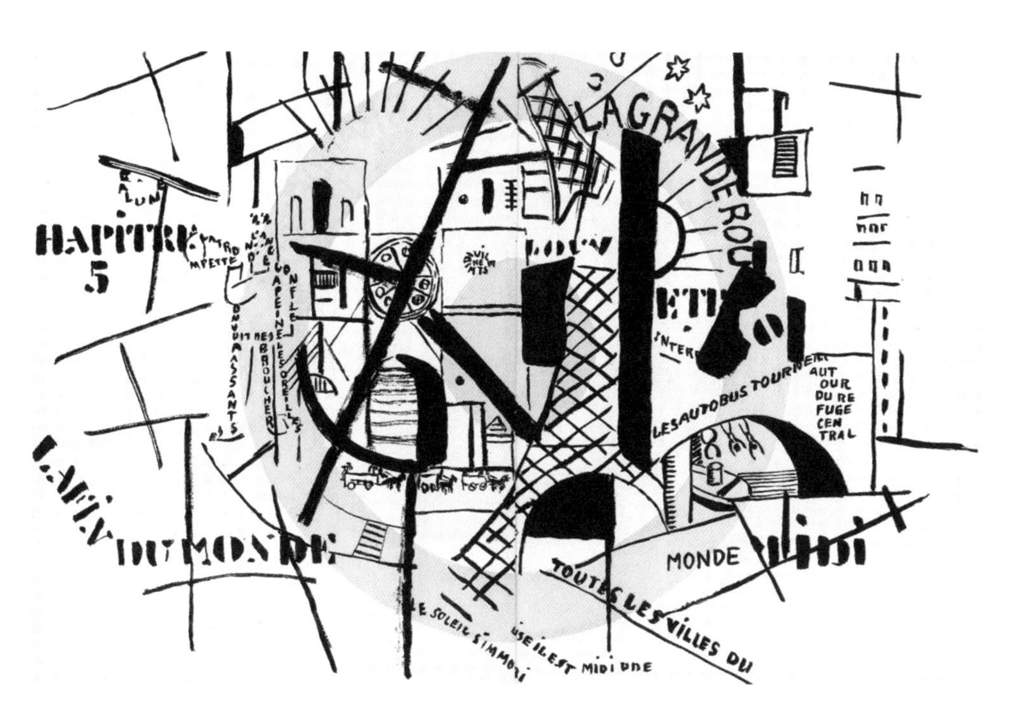
LAGRANDEROU
HAPITRE
5
LA FIN DU MONDE
LES AUTOBUS TOURNE
AUT
OUR
DU RE
FUGE
CEN
TRAL
MONDE
TOUTES LES VILLES DU

《埃菲尔铁塔上的工作》，摄影师、建筑师让-克里斯多夫·巴洛，2003。

随着摄影技术的大力推动，到了20世纪，铁塔已然被视为世界性的象征，绝对的偶像。摄影跟进了铁塔每日的建造进度，也使1930年代的艺术家们用全新的眼光看待它。

不论出于哪个视角，铁塔都高耸在城市之上，塔顶没入云中。

第二次世界大战期间，巴黎汇聚了从德国、中欧而来的移民艺术家。他们为法兰西的首都所倾倒，并获得了大量灵感，他们通过合成摄影、拼接摄影、叠印、过度曝光等新技术重现建筑。匈牙利摄影师安德鲁·珂特兹于1925年来到巴黎，满怀着艺术家的热情探寻塞纳河的堤岸和大型建筑物。他从一把椅子的倒影或是一家小酒馆的招牌中捕捉到了瞬间的诗意。在去纽约寻找他所认为的不朽艺术之前，他已经将巴黎置于全新的视角中，用一个现代艺术家的眼光记录工业建筑和它们所在的城市。在一张摄于1933年的照片中，他用两种交叠的视角记录铁塔：埃菲尔铁塔出现在明信片般的构图背景中，却被一道“构成主义”的前景所阻挡，眼前是巨大的空中轻轨的横梁和铆钉。弗朗索瓦·科勒（François Kollar），另一位匈牙利摄影师，在他的职业初期，完成了著名的正反叠印（1931），潜水视角中的铁塔令人震撼，和德国摄影师艾尔莎·塔勒马娜、伊尔塞·宾（Ilse Bing）和杰曼尼·克鲁尔（Germaine Krull）等人的作品相似。杰曼尼·克鲁尔有“钢铁女战神”之称，她对钢铁建筑和工业世界充满兴趣，将铁塔的工字梁和金属间的复杂交错单独拍摄，令业界震惊。铁塔成了摄影构图和光影游戏的研究主题。

他是扎祖（Zazou）

以下材料由记者玛丽－法朗士·普瓦丽耶（Marie-France Poirier）收集

他的眼光只遵循唯一的法则——“瞬间的直觉”—— 年逾 85 岁的马克·吕布依然是个不知餍足的“1/125 秒生活猎手”，他的摄影作品至今誉满全球。最有名的是埃菲尔铁塔那张，最早曾发表在 1953 年的《巴黎竞赛画报》，之后在《生活》上发表。在这张照片中，一个年轻人正在粉刷铁塔，像一只飞鸟舒适地休憩枝头，又像一个优雅的舞者伫立金属架上，凌驾于云雾笼罩的巴黎之上。

半个世纪过后，他说：“当时我坐电梯上了铁塔，手里拿着架父亲送我的莱卡相机。‘一战’的时候，在仇恨和战壕中，我一直随身带着这架相机。总之，这架相机非常简单，也不大，我年轻的时候从未离开过它……我和这位油漆匠一起吃了段香肠。我就是这样了解他的，他叫扎祖，人非常有趣……我让他工作，观察他，并找好最佳时机和最好的角度取景……我拍了照，仅此一张。1953 年那会儿，胶片还很贵，不能浪费了。”一瞬间，马克·吕布在作品中引入了一种舒适感，一种无顾忌的灵巧，对观众而言，还有一种危险感，而当时的观众只有他一个人！马克·吕布凝固了这优雅又脆弱微妙的一刻，提升了埃菲尔铁塔金属几何结构的美学价值。

摄影师卡洛琳娜·阿比波勒（Caroline Abitbol）是马克·吕布的助手，也是他的妻子。她分析了大师的这张图片：“他让我们看到的是一座超验的金属建筑，被建造得像一座透明的玻璃教堂，它代表的是法国工业和政治的权力。但马克却带给我们一种自由的、完全开放的感受，一种永恒的空灵的召唤。”

这是划过长空的闪电，是对钢铁数学的颂歌，我们会在卡洛琳娜·阿比波勒 2008 年出版的令人惊奇的摄影作品系列中找到相似的影子。

当代艺术家的眼光

埃菲尔铁塔超越了架上绘画。
艺术家们开始了其他的尝试，
将它变形、重组，在原有造型上自由发挥。

继阿曼（Arman）的埃菲尔铁塔堆积装置之后，凯撒（César）在1984年创作了《向埃菲尔致敬》，这是一座大型建筑物（18米高，重500吨），利用了给埃菲尔铁塔减重时的工字钢，并在旁立了居斯塔夫·埃菲尔像。2002年，巴黎市政府举办了第二届“不眠夜”，向来将私人生活带入艺术作品的观念艺术家、摄影家苏菲·卡尔（Sophie Calle），用她的方式诠释了一个入睡中的女人的场景。该作品基于雷内·克莱尔（René Clair）在1923年拍摄的《沉睡的巴黎》的电影片段，片中埃菲尔铁塔的守夜人一觉醒来，突然发现整个巴黎处在僵直症的状态中；几个男人和女人从睡眠中逃逸，躲避到铁塔的高处。苏菲·卡尔将她的策划命名为《观景房》，她想象铁塔之巅有一个瞬息幻化的房间，她穿着睡衣接待访客，并不断要求他们讲故事，直到天明不得睡去。她说：“在309米的高处，就像在我家。”

“所有艺术家都对埃菲尔铁塔情有独钟。1920年以来，它就是先锋的象征；2011年，摄影艺术家和观念艺术家们用独特的方式将它纳入自己的作品中。”

在高楼林立的城市，艺术家们和摩天大厦为伴。在芝加哥，卡尔德（Calder）的城市雕塑摆在玻璃大厦之前。让-克里斯多夫·巴洛摄影作品，2009。

22

苏菲·卡尔,《观景房》(细节),2003。

有一些夜难以述说。2002年10月5日和6日的夜晚，我在埃菲尔铁塔的高层的房间里过夜。在床上，裹在白床单里，一个接一个陌生人来到我的枕边。给我讲个故事吧，别让我睡着。别超过5分钟。如果故事引人入胜，我们再延长时间。没有故事就别来看我。如果你的故事让我入睡，就请悄悄离开，记得让守夜人把我叫醒……他们来了几百个。有些夜晚真难以描述。我在清晨下了塔。信号灯在每个栏杆上闪烁：苏菲·卡尔，不眠夜已结束，07：00。这证明我并没有做梦。我太想入非非了，可是我做到了：'我在埃菲尔铁塔的塔顶睡觉。'从此，我一直望着它，如果我在路的转角见到它，就向它致意，我会温情地看着它。在309米的高处，就像在我家。

妙趣横生，创意灵动，这就是玛蒂娜·卡米耶里（Martine Camillieri）对世界的印象。对她而言，日常生活是一片巨大的土地，她把玩物品，颠覆它们原初的功能，赋予它们全新的生命。"铁塔的形状就像一个人体，表现出弧形、柔和的倾斜和转角。我看到它的头颅在云端，上身和小腿却在地上。我想把它用各种零散的物品再现出来，我在收集这些物品时，会注意是否能和铁塔的三维比例相符。然后将物品放在铁塔前拍下照片。"

左图：电影《沉睡的巴黎》，雷内·克莱尔，1923。

左图：《美好夏天的每一天》，装置艺术家玛蒂娜·卡米耶里收集了三种完全不同的物品，将它们搭成了埃菲尔铁塔的样子，然后用照片记录下来，让装置显得更具真实感！
上图：《在埃菲尔铁塔前的露天博物馆》，战神广场上贝纳·维尼（Bernar Venet）的金属雕塑。

整个夏天，她都在用自己的方式阐释铁塔。她将不同用途的物品堆砌起的三层摆件和这座巴黎的象征相比较。旧蛋糕模子、玻璃小坩埚、塑料玩具、香水瓶……玩转埃菲尔铁塔！

为了2012年伦敦奥运会，以大型建筑物著名的英籍印度装置艺术家安尼施·卡普尔（Anish Kapoor）发起了“塔——艺术品”的活动。这是一件被解构的金属建筑，比自由女神像更高，但比埃菲尔铁塔小（高115米），呈不对称的钢铁结构，由相互交叉的金属管组成。内置升降电梯，通至顶层可以观览城市全景。这件作品之于巴黎的铁塔，可谓技术上的升级，一种积极的象征。然而，阿塞洛米塔尔轨道塔（Arcelor Mittal Orbit）已成为众矢之的，正如埃菲尔铁塔当年也曾面临拆毁，所有人都怀疑轨道塔是否真能和谐地融入伦敦的风光。有批评者认为它像座“突变的长喇叭”，或把它比作“烂醉的埃菲尔铁塔”，或是“恐怖的塔”。因为它看上去像一个巨大的畸形扭曲的数字“8”。设计者反驳：“这座塔等待您踏上旅途，请环绕着它，也请走上来进入它的内部。它期待您的参与和行动。如果说有一个最好的比喻，事实上也只有一种可能的比喻，就是把它比作埃菲尔铁塔。这世上还能有比埃菲尔铁塔更好

要等到1949年，铁塔才被纽约的克莱斯勒大厦超越。高度竞赛未曾停止，现代高塔不断涌现：台北101大楼达到了508米，迪拜塔有828米。将来还会有1 000米的高塔计划。

埃菲尔铁塔被设计成红色的维纳斯。2004年，为庆祝中国新年，埃菲尔铁塔在完美的灯光效果下再放异彩。

的吗？”* 自建成以来，埃菲尔铁塔被通体铺上了灯管…… 就像巴黎夜空中的一座灯塔。2001 年以来，从夜幕降临到凌晨两点，每小时都会连续闪灯十分钟。2002 年，为配合“艺术的力量”（La Force de l’Art 02）三年展，艺术家波特兰德 · 拉维耶（Bertrand Lavier）调整了亮灯的节奏，改变了夜间亮灯的频率。十天活动期间，他设计了一组随机亮灯程序。要是想看到闪灯的一幕，需要驻望夜空，时刻等待流星划过。

2012 年，为迎接伦敦奥运会，安尼施 · 卡普尔将铁塔想象成一个巨大的变形了的“8”。

* Le Figaro, Avril 2010.

菲利普·波提埃（Philippe Potié）

建筑设计师，艺术文明史博士

“铁塔是一座巨大的制成品，是为征服土地而效力的铁路的延伸。世界博览会提供机会，展示了它的卓越。”

埃菲尔铁塔将我们推向了一个大时代。在这个大时代里，众多大型冶金公司走上了征服之路，披荆斩棘，开辟列车轨道。埃菲尔公司的业务重心放在火车站、大桥和预制房屋上。它们的经营范围遍及越南和拉丁美洲。钢铁是世界全球化进程中主要的原材料，铁塔通过它金属的结构和提供参观的内部空间，暗示了一种对未知大陆的探险。它是对旅行的一种比喻。世界博览会就是为那些用钢铁基建征服世界的国家所设的，而铁塔是大桥的巨大变形。一进入世界博览会，它的性质也发生了改变。这种转移毫无疑问会激起传统人士的愤怒；非议是苦涩的，正如有一天当人们走进博物馆看到杜尚的《泉》。天才之举在于将稀松平常的材料逆转为一种物品崇拜。比如勒·柯布西耶（Le Corbusier）用全新的方式表现的水泥制品，所有人一下子都接受了这件什么也不像的物品，这件纯粹的工业制成品，只是将它从原来的地方搬到新的环境中，以它巨大的体积实现瞬间的震惊效果。

正负叠印效果，弗朗索瓦·科勒（François Kollar）。

工业风格

埃菲尔铁塔是有魔力的图腾，现在它进入到了我们的居所，改变我们的房屋和家具。它就像是一种全新的金属基因，带来了崭新的生活艺术。

前页：光线、空间、金属，都是当代建筑师改造新住宅所推崇的要素。由法布里斯·奥赛（Fabrice Ausset）改造的佐佛克斯设计所（Zoevox）。
上图：乐蓬马歇百货大楼宣传海边假日的海报。运用了 19 世纪末的插画。

穹顶像个火车站的顶棚，由两个楼层的栏杆围绕，整个大楼被悬空的楼梯和飞桥分割……透明玻璃棚折射下的日光，带给建筑物一种轻盈感，镂空结构使光线显得复杂多变。这是一座现代梦幻之殿。一座拥有楼梯的巴比伦塔。空间更为开阔，为躲避现实的人开启了一道道长廊，一扇扇门，无穷无尽……

左拉，《妇女乐园》，1883

埃菲尔铁塔的烙印

1876年，乐蓬马歇百货大楼的扩建工程由建筑师博瓦罗（Boileau）担当，古斯塔夫·埃菲尔也是工程一员。他选择了金属结构和传统石料外立面相结合的方式。最后，用金属折边镶嵌法制造了玻璃穹顶，这种新型手段在左拉的《妇女乐园》中得到肯定。

LAYETTE
DENTELLES
BROSSERIE

20 世纪下半叶，随着百货大楼的繁荣，商业理念也随之改变。中殿高耸，由精美的梁柱支撑，玻璃穹顶保证了充沛的自然采光。

左图：1910 年老佛爷百货大楼的穹顶。
上图：乐蓬马歇百货大楼的玻璃天棚。

工业词汇

2011 年，乐蓬马歇百货大楼就是现代建筑的代表。大楼由优雅的支柱支撑。玻璃天棚下，高端名品和设计师们的杰作熠熠生辉。这里被布置成了一个梦幻般的沙龙。金属、玻璃、开阔的场地、装饰和时尚展示区、餐厅，都充分利用了原有的建筑，各个空间分割恰如其分。场地的尺寸和灵活度适用各类最时尚的活动。大商家们热衷于改造从前的旧工厂和旧车间，是因为在钢铁玻璃建筑里，一切都会显得美妙绝伦。一家健身馆甚至从一个 19 世纪的铸造车间中找到了合适的装饰，这个车间此前也曾被建筑师西里尔 · 杜朗 · 比阿改造成印刷厂。这座占地 2 000 平方米的四层大楼占据着巴黎的市中

“金属、玻璃、开阔的场地、装饰和时尚展示区、餐厅，都充分利用了原有的建筑，各个空间分割恰如其分。场地的尺寸和灵活度适用各类最时尚的活动。”

在纽约肉品加工区（Meatpacking），多家时髦的餐厅利用了旧仓库中的铸铁梁和钢结构，构成一种尺寸相称的装饰，并配以酒馆风格的桌子和 Tolix 椅子。建筑师西里尔 · 杜朗–比阿（Cyril Durang-Behar）将一处老旧的货物中转仓库改造成了一家餐厅：巴克利别墅（la villa Pacri）。

26
28
30
32
17
19
21
23

DEFENSE
D'ENTRER

埃菲尔铁塔被运用在展会的海报中，它表现了建筑师对这家酒店的幻想和装潢师对工业场所的热情。金属建筑将各个时代都连接在了一起。

心。巨大的玻璃天棚采用了埃菲尔铁塔式的金属结构。工字钢、砖顶、交叉尖形拱肋和旧时代起重电梯让空间井然有序。这一切都是为了更好地呼应原有的建筑构想，历经工业革命时代，那些旧材料愈加显出了它们的价值。上世纪的工字钢配以金属光泽的陶土板，被打磨成枪管质感的金属件和多孔氧化钢板制成的隔离墙交相辉映。大堂入口被处理成酒店大厅的格局，现代设计师勒·柯布西耶和查理·艾玛设计的家具与这个历史悠久的地方相得益彰。

左图：巴黎郊区一处 3 000 平方米的旧工厂被重新分割成居所和工作室两部分。巨大的空间、金属、砖石、木地板中加入了别具造型的摆设和工业家具，营造了一种欢欣的混合气氛。

上图：乔伊斯·汉诺威（Joyce Rénové）酒店前台的细节部分。设计师：菲利普·梅登堡（Philippe Maidenberg）。
右图：海报《巴黎——巴黎 1937—1957》，1981 年罗曼·赛斯莱维兹（Roman Cieslewicz）为蓬皮杜艺术中心制作。

在马达加斯加，原先由埃菲尔公司扩建的卢浮百货大楼（Grands magasins du Louvre）现改造成为豪华酒店。经过2008年的翻新，建筑物重放异彩：保留了原有容积和金属结构。爱洛蒂·希尔（Elodie Sire）的内部装修通过色彩和材料的选择和工业结构交相呼应。

从蓬多舒（Pont-aux-Choux）大街走到巴黎的马莱街区（le Haut Marais），在20世纪的工作室橱窗和新开的画廊之间，我们会发现象牙白家居店（Blanc d'ivoire）的Loft空间。这座Loft由缝纫用品店改造，排水管暴露在外，在它的玻璃天窗和金属结构中，水泥、金属和陈旧的木料散发着柔光，450平方米的三层楼建筑被设计成一个宽敞的空间。这里所展示的藏品，则令这个场所显露出时尚的气息。Loft创立人莫妮克·费舍尔（Monic Fisher）在这里展出了古斯塔夫风格和18世纪革新风格的产品。混搭的方式令商店的风格分外出众。

1990年代Loft Design By首次在圣-奥诺雷区（Faubourg Saint-Honoré）落户，它的品牌形象历久弥新，所有门店都遵从一致的美学，在职业家具、铸铁桁梁和暴露在外的金属屋架之间，处处显现工业建筑的缩影。总之，不管这个门店是开在巴黎的左岸还是右岸，开在里尔还是埃克斯·普罗旺斯，复古风或是现代感的家具，漂亮的材质、木质的地板、简洁的线条和绘制精美的装饰物都在这里找到了出色的呼应。创始人帕特里克·福莱绪（Patrick Frèche）总爱说起将“loft”和“design”这两个单词连在一起的最初想法。这两

这座占地2 000平方米的四层楼健身会馆占据着巴黎的市中心。巨大的玻璃天棚采用了埃菲尔铁塔式的金属结构。工字钢、砖顶、交叉尖形拱肋和旧时代起重电梯让空间井然有序。

个词的联合意味着通过各种方法改变一个空间的可能。“对于服装设计，我一直在追求简洁的原则。我们的服装会放入各家门店，不管在哪个国家或城市，它们都会被放置在一个有故事的建筑中，而我们的入住将延续它的故事。当然要找到这样的故事，每一次都要挖掘出老仓库或老车间的美丽之处以及它的美学之道。”

左图：全部由以马内利·杜奇艾（Emmanuel Dougier）完成。位于蒙特荷-耶苏-布瓦（Montreuil-Sous-Bois）工厂的遗址上。这里现有 Loft 复式楼和工作室，保留了原先就有的屋顶构架，并装饰以工业悬挂物品。

上图：克莱俱乐部（Klay Club）铆钉天窗局部。

金属外饰

一家在巴黎，另一家在马达加斯加……这两家酒店都在埃菲尔铁塔的影响之下。在塔那那利佛，约1930年，卢浮百货大楼需要扩建。于是当时的项目负责人向建造马达加斯加大桥的埃菲尔求助。预先在法国勒瓦鲁瓦制成的各部分结构通过水路运来。组装工程完毕后，百货大楼重新开张了。商店的名称改为“春天百货”。在1960年，又叫“Prisunic”单一价商店。1998年最终改造成了酒店。2010年，它又迎来了新的改造，在美轮美奂的古典外立面之后，接连不断的装修已暴露了它最初的钢结构。经过一番漫长的拆模，当年的风光再现。穹顶之下净高达7米。出众的铆钉工字钢成为亮点。室内设计师爱洛蒂·希尔（Elodie Sire）将大楼布置成玻璃和钢铁风格。大厅用仿铁树脂包裹。采用大型照明，灯罩颜色用铁锈色，到处都浮现出埃菲尔铁塔时代的气息。

回到巴黎市中心9区的乔伊斯酒店，由菲利普·曼登堡（Philippe Maidenberg）担当翻修工程。这里是优雅和潮流的汇聚地。入口处的前台由一个漆成红白两色的小型埃菲尔铁塔组成，设计师的理念是：向艺术家罗曼·塞斯莱维兹（Roman Cieslewicz）致敬，他为蓬皮杜艺术中心的海报设计了两个翻倒的埃菲尔铁塔。同时，前台的设计也是一个光学游戏，拉开距离看，入口处像一个阿拉伯风格的遮窗格栅阳台。人站在远处或近处，铁塔都会显现不同的视觉效果。

上图：1964 年，马克 · 吕布拍摄的铁艺细节。

下页图：离荣军院不远处，一家旧印刷厂获得了重生。由建筑师莱奥 · 贝雷里尼（Leo Berellini）翻新，营造了欢快的幸福感。起居室空间巨大，保留了原有的立柱和金属结构。

儒勒·凡尔纳的尼莫船长

最初，埃菲尔铁塔的一层就是美食汇聚之地。这里的确让人回想起当年的氛围。1889年开幕之际，由建筑师史蒂芬·索弗斯特（Stephen Sauvestre）设计的四座华美的木质亭分别承接了阿尔萨斯啤酒店、英-美酒吧、俄国餐厅和一家法国餐厅。世界博览会就是凭借美食向世界打开大门。1937年翻新时，其中两家餐厅被建筑师奥古斯都·格朗（Auguste Grant）改造成了1930年代的风格。之后，到1980年代初，"美巴黎"（La Belle France）和"巴黎人"（Le Parisien）造就了最纯粹的巴黎酒吧风格；1996年由室内设计师斯拉维克（Slavik）再次改造，最终成为了"海拔95"（L'Altitude 95），即"58餐厅"（Le 58）的前身。这座酒吧位于95米高度之上，给人带来星际航行的遐想。为纪念埃菲尔铁塔建成120年，新计划再度展开，设计师帕特里克·茹安（Patrick Jouin）登场，他谈到和阿兰·杜卡斯（Alain Ducasse）合作的星级餐厅的构想时，似乎忘记了即将面临的挑战，而对铁塔的建造历程却侃侃而谈，带领我们进入到儒勒·凡尔纳和古斯塔夫的杰作中，极好地传达了进步和美的观点。人们最先的激动，是身处十字梁和金属镂空结构之中，渐渐随着升降电梯

攀登铁塔的经验充满感官刺激，是一次凡尔纳式的魔幻历险，它让人想起《海底两万里》和《从地心到月球》……现在，光临星级餐厅也成为历险的一部分。

“儒勒·凡尔纳餐厅”中的奇妙之夜和令人兴奋的美食。位于125米高空。餐厅设计师帕特里克·茹安说：“我们登上埃菲尔铁塔，就是开启了一次旅程。”

细部。

上升的时候，125 米的高度和儒勒 · 凡尔纳餐厅杰出的烹饪水准相呼应。机械装置令人想到烹饪手艺的专业和地道的法式服务。磨砂玻璃护板上配有一个和铁塔结构相衬的铝制蜂窝。护板之后，有一块平面墙既烘托了餐厅的氛围，也反射了塔外的景观。“58 餐厅”给人奇幻的遐想，一段阶梯为两层所共用，并从 20 平方米的天窗采光。这令人想到尼莫船长在《海底两万里》的潜水艇中的观光台。因为不能给铁塔增加任何重量（铁塔的承重需保持在 1 000 吨），帕特里克 · 茹安采用了适用于航空和汽车制造的高端轻型材料。考虑到持久和轻便，餐厅采用了碳纤维座椅、树脂贴板、钛材桌面。儒勒 · 凡尔纳式的扶手椅和古斯塔夫托盘都是“儒勒 · 凡尔纳餐厅”和“58 餐厅”的特别设计。不论从材质还是颜色上都和铁塔相呼应，和无处不在的四处摇曳的城市全景相映成趣。更有考究的室内照明，从早到晚在金褐色的基调下营造出一派和谐的气氛。开阔明亮的空间适用于午餐时段，神秘魅惑的气氛则适用于晚餐时段。帕特里克 · 茹安总结说：“你会感到时间好像停止了，你会有一种奇特的感受，像从广阔天地的城市光亮里结束了长途旅行，重新回归了。”

当你坐上升降电梯的时候，会有一种出海远征的感觉，但不会有眩晕感。在上面，完全超乎你在地面上的想象。说伟大、壮阔，或称之为巴黎的巴比伦塔都言不尽意。夕阳下，巴黎城的建筑物的棱角之间会带上一层古罗马般的颜色。在平坦的地平线上，余晖中，凸起和凹陷的剪影生动地浮现于天际，蒙马特高地显出巨大的废墟般的一面。或许本该在那儿点上些灯，在那儿用餐会令人充满遐想…… 然而当你步行下楼，感受又全然不同，好像有什么在一直往前冲。沿着阶梯往下走，像不断在做跳水的动作，在无穷尽的空间里，我们就像一只只小蚂蚁，在一艘大船的桅绳上爬行，只不过这条桅绳是铁做的……

埃德蒙（Edmond）和儒勒·龚古尔兄弟，

《龚古尔日记》，1889—1891

细部。

从“海拔 95”餐厅到塔那那利佛的酒店，我们都在时间和高空中游走，目光在工字钢和它周围的空间中迷失。

左下图:“儒勒 D3 方案”。2007 年，帕特里克 · 茹安为儒勒 · 凡尔纳餐厅设计的扶手椅。
上图：1964 年，埃菲尔铁塔上的餐厅，马克 · 吕布摄影。

帕特里克·茹安（Patrick Jouin）

设计师，儒勒·凡尔纳餐厅和58餐厅的创意设计师

“这是进入古斯塔夫·埃菲尔和儒勒·凡尔纳的伟大作品的一种尝试，一种延伸。”

埃菲尔铁塔是一件高调疯狂的作品。对我来说，这是一次非常特别的经历。要完好地表现这种充满质感的美，并避免让科幻元素成为拙劣的仿造。铁塔是巴黎的象征，同时也具有时代的烙印。当时的人们都认为进步能带来幸福感。所以我和阿兰·杜卡斯都认为在我们的创意中要加入一些现代元素，让它能具有新意，和这家餐厅的烹饪一样。在材质、照明和路径安排的选择上都要秉承这一理念。任何场所的奢华之处都在于整体感：包括视野、食物、氛围。由于玻璃反射的原因，全景视野的处理是复杂的过程，如果餐厅过度照明，人就看不见外面，所以，灯光要根据一天的时段加以调整，造成一种漫反射的效果。总之，要和咖啡色和巧克力色的整体基调相符，这样也更接近铁塔的本色。现在铁塔的颜色几乎成为巴黎最受青睐的颜色，城市公共自行车（Vélib）就是灰褐色。巴黎的游轮也是这个颜色。一个游客来到巴黎，骑自行车，坐游轮，再登上埃菲尔铁塔，会感到似曾相识，差别只在所处之地不同，分别在地面、水面和高空中。

家中的工程师

古斯塔夫·埃菲尔留下了数量众多的房产。他也给不同的房子做了独具特色的装潢。我们在菲利普·顾佩里-埃菲尔（Philippe Coupérie-Eiffel），也就是古斯塔夫·埃菲尔的玄孙的家族网站“埃菲尔家族的精神”中发现了他的祖辈对美好住所的品位。所有的房屋都有一个共同的特点：宽敞的空间、良好的采光、无阻挡的视野。整个空间因精心挑选或设计的摆件的衬托而显得出众而热烈。大部分物品都是居斯塔夫亲自设计。我们还会发现在他的科技和建筑藏书中有许多儒勒·凡尔纳的作品……

在菲利普·顾佩里-埃菲尔所收集的回忆片段中，我们看到居斯塔夫工程师总会在他的府邸中加入一层科学的意味。他在瓦凯（Vacquey）搭建了一处观望阁，在赛夫尔（Sèvres）的房屋顶上搭了天线架，在韦威（Vevey）建了一间气象数据研究室。最能代表他的终极科学梦想的，当然是他在铁塔的第三层平台上保留了小型玻璃办公室兼起居室。这是把鹦鹉螺号潜水艇中的客厅搬到了高空，一个供人沉思的梦幻之所，让思想深入云层。正如尼莫船长所言：“我的脑海中泛着幻象。它们一直未真实过。但只要想得出来，就有人会在某一天实现它。”

工程师、科学家，“钢铁魔术师”，这个不知满足的好奇的人，终生沉迷于“抗风性”。照片拍摄于1913年，居斯塔夫·埃菲尔在巴黎宝洛路（Boileau）的空气动力实验室。他继续着他的实验。

新居住艺术

1980年代，艺术家和建筑师带来了标志性的内部装潢风格。Loft最早出现在1960年代纽约的SoHo街区。

纺织实业家们离开了他们的工厂，这些低价的场地于是被释放出来。艺术家们相继入驻，在里面生活、工作。这些场地最初的用途决定了它们的外观：开阔的平台、高且深的天花板、暴露在外的房屋结构、水泥地面、巨大的幕墙。最出名的例子毫无疑问是安迪·沃霍尔这位波普艺术教父的工厂。在曼哈顿联合广场街区（Union Square），他以一年一百美元的租金租赁了这些废弃的厂房，将之变成了展览厅、影片制作室、放映厅，在放映厅里能找到纽约各界名流，以及和沃霍尔过从甚密的明星和无名艺术家。这种风格的居所渐渐蔚然成风，成为主流……它代表一种与先锋艺术家开创精神相契合的生活方式。

天井和阶梯都能让人更接近天空……由建筑师法布里斯·奥赛设计。

Loft 广受欢迎的原因在于，巨大的空间带来了不一样的生活方式，意味着和传统的布尔乔亚隔断式的公寓生活决裂。在法国，Loft 兴起于 1980 年代。当时，去工业化大潮释放了大量的新空间。艺术家之后，建筑师、室内设计师、广告设计师都相继入驻，他们用 Loft 的审美观重塑这些空间。如今新一代建筑师都在金属构造的世界里汲取新居所的灵感，竞相采用铆钉、铁柱、玻璃采光等要素……法布里斯·奥赛（Fabrice Ausset）解释说："金属结构和铆钉，这套系统既具创新性又富有历史感。现在铆钉已被无缝焊接所取代，但铆钉、金属十字梁变成了像当年路易十五时代的细木壁板一样的标志性元素。它们自然而然被运用在工业房、车间和仓库这些需要有足够的空间来存放大量货物的建筑里。总之，真正的 Loft 也往往保留了原来的痕迹，那些原有用途所留存的记忆。

左图：欢快、色彩、杂乱的想法……苏菲·勒克莱（Sophie Leclerc）完全改变了老工厂，将之改造成了家用居所，丢弃一切严肃感。在楼梯处，一幅涂鸦和一侧的墙体继承了1980 年代纽约的街头艺术风。

上图：1960 年的安迪·沃霍尔，波普艺术之父。1966 年，他将工作室安置在租金低廉的废旧工厂中。这就是著名的“工厂”，云集了纽约的各界名流。

光线和空间的改变，让原有的建筑凸显价值

这可能是 Loft 所带来的真正的革命：维护城市的建筑遗产并发扬光大。在纽约可以找到大量的铸铁建筑；在伦敦，泰晤士河沿岸有着大量砖石建筑；在巴黎则能找到具有工字钢、铆钉结构和带玻璃窗的车间和印刷厂，它们往往处于小路的尽头或是在住宅的后院。

“这些工业的处女地是我们那个年代的室内装潢实验室，”苏珊娜·史莱生（Suzanne Slesin）* 说，“大部分情况下，这里表现的不是建筑的细腻感，而是空间本身，它的特点在于玻璃天窗，在于没有隔断的巨大平面。”那么去寻找一块真正的埃菲尔式的工字钢吧，虽然很稀有，但一旦找到，故事就是现成摆在那里，只需再添加些内容上去。

在建筑师弗拉基米尔·多兰（Vladimir Doray）最近翻新的 Loft 中，既没有巨大的体积，也没有玻璃窗……但却找到了一段真正的工字钢十字横梁！整个空间的气氛于是被它带动，没什么可以解释的。它在那里已经超过百年，它已经超越了时间。从这个起点开始，提升它固有的价值，修饰它周围的环境：除锈、一点点油漆、一点点处理就能让它升值。纽约建筑师大卫·勒维斯（David Lewis）在《Lofts》** 一书中提到：“Loft 的财富在于它直接继承了现代化运动和它带来的新生活。人们对这种风格的热情有增无减。”和古斯塔夫·埃菲尔一样，建筑师们认为金属结构具备杰出的性能，而 Loft 一类的工业场所因为它巨大的容积更易改造。

* Daniel Rozensztroch, Stafford Cliff Et Suzanne Slesin, *Lofts: Un Nouvel Art De Vivre*, Paris, Flammarion, Coll. arts décorartifs, 2001.

** Marcus Field Et Mark Irving, *Lofts*, Paris, Seuil, 1999.

围绕已有物展开设计，提升它们的价值。建筑师们用这种方式令建筑遗产发扬光大。

上图：工字钢统领了整个空间的气氛。
左下图：收藏家米歇尔·贝哈施（Michel Peraches）和埃里克·米耶勒（Eric Miele）设计的工业风格的卧室。他们也用同样的手法改造了旧车间的顶楼。
右下图：洁净的厨房背景中的格拉工业台灯。
下页图：大型装潢公司也开发工业风格的家具系列。

ABCDEFGHIJKLMNO
24 Ore
Stunden
Hours
ABCDEFGHIJK
OPQRSTUVWX
1234567
28

雅克·费尔叶（Jacques Ferrier）

建筑师

“他是建造轻质建筑的诗人，他对天空有一种痴迷。虽然人在地面，却已准备飞翔……”

居斯塔夫·埃菲尔的桥梁和铁塔用一种夸张的方式展示了建筑骨架中自有的美丽。这种美和新兴材料——钢铁相关。他引领了新一代建筑：不再仅仅局限于外壁、墙或者外立面。在天空、云彩和光线映衬下，这些高空建筑的侧影就像在移动着。埃菲尔是工程师出身，却成为新建筑风格的先锋人物。之后，我们会在许多建筑师的作品中看到他的影子。当时的人们并没有意识到这种新型材料的潜力和它所带来的风格。铁塔在艺术家的抗议声中问世，这也预示了20世纪的到来，因为这将是一个机器批量生产的世纪，将由工程师们所统治。如果仅限于桥梁或火车站的华丽结构，和传统做法混搭，或许还能令人接受，但埃菲尔铁塔却成了世界博览会的标志物。风格激进，质地粗犷，令人难以肯定。工程师们对结构的见解令建筑师想到原材料本身就是一种力量，本身就蕴含诗意。装饰元素、立柱、柱头、石雕等传统符号都是画蛇添足。

还有蓬皮杜艺术中心，我在给2010年上海世界博览会设计法国馆的时候，想到在建筑主体外增添一层金属的“外皮”，可以让人联想到沟通和路径，直接呼应攀登埃菲尔铁塔时的体验。埃菲尔铁塔就像一首铆钉和十字连通管的颂歌。在这些小东西中，我们总会想到手工活！当然还有它的轻巧，铁塔只有7 000吨，非常轻！

卢瓦尔河畔柯奈市（Cosne-sur-Loire）的铁路桥，由居斯塔夫·埃菲尔公司建造。

金属家具

对于投身于现代潮流的创意人、室内装潢师、建筑师而言，金属胜过任何材料。它具有一种独特的分寸感，一种对修饰的拒绝，一种表达纯粹造型的风格。

勒·柯布西耶（Le Corbusier）：向埃菲尔致敬

勒·柯布西耶是这一潮流的狂热推动者。他捍卫工业审美观，和他的现代艺术联盟（l'UAM）的信徒们一起，希望看到这一潮流兴旺发达。他们是：罗伯特·马莱-史提文斯（Robert Mallet-Stevens）、热内·赫伯斯特（René Herbst）、夏洛特·佩里安（Charlotte Perriand）。他们都因理性主义的手法和金属的运用出名。同时，他们也未丢弃手工艺和法式奢华的传统。1925年，在国际工业装潢艺术展中，勒·柯布西耶设计了一座体现“新精神”的展馆，这是一套公寓居所，全面体现了他的反装饰理念。在内装上，他制作了一座三维模型，将室内布置混搭和组合的风格完美地体现出来。勒·柯布西耶当年在《今日装潢艺术》一书中

“在现代设计初期，建筑师勒·柯布西耶是向居斯塔夫·埃菲尔致敬的第一人。说是致敬，更是一种发扬。”

这些Loft保留了过去的烙印，继承了工字钢和玻璃天棚。图中，两位收藏家完美地结合了工业家具和室内装潢。

VÉRI
TÉ

OUI
NO

提到："我向真正的女神致敬：埃菲尔铁塔的形象照耀了本书的封面，也进入到我的建筑中。1889 年，铁塔所表现出的是一种咄咄逼人的严密计算；1900 年，唯美主义者又想把它摧毁；1925 年，它在国际现代装潢展上独占鳌头。与生石膏和扭曲的装饰相比，它纯洁得就像一块水晶。"1935 年，布鲁塞尔国际展，勒·柯布西耶创作了一个具有宣言意味的家具。在《创造的一生》一书中，夏洛特·佩里安（Charlotte Perriand）描述道："它被摆在健身馆的网幕前，由三个涂漆的铁皮格架组成。这个家具在专业制造办公桌的弗兰博车间内完成。"为什么有宣言式的意味呢？勒·柯布西耶想在他的作品中加入"底片线条"般的效果来凸显"新时代"的到来（在暗底色上，轮廓线显得熠熠生辉）。中门上的线条表示了他所完成的邻里规划项目（le plan Voisin），侧面的线条则向古斯塔夫·埃菲尔——钢铁女神之父致敬。

118、119 页图：这个 Loft 最初是一个工业住房，现在改造成了住房和摄影工作室。由建筑师伊曼纽尔·阿尔相波（Emmanuel Archimbaud）和卢卡·兰多尔非（Luca Landolfi）设计，将过去的痕迹和现代的精神相混合。
左图：这个 Loft 表现了一种新生活方式，空间不做隔断，展露整个房屋结构 [由建筑师莫里斯·帕多瓦尼 (Maurice Padovani) 设计]。这个空间回应了最低限度美学，最细小的物品都在其中显出分量。

1930年代各种风格和手法竞相出现。现代艺术联盟的成员是新材料的狂热捍卫者，而装潢艺术家集团（SAD）的信徒们，则鼓吹对装饰艺术的回归。他们在1937年的博览会中搭建了一座独立的展厅，表现法式传统装饰的回归。捍卫金属还是推崇木质材料，这一分歧一直要延续到1950年。

让·华耶尔（Jean Royère）和查理·伊姆斯（Charles Eames）："埃菲尔体系"

那个时代，现代性就意味着冷峻和严肃。室内装潢师让·华耶尔敢为人先，首先尝试了一套充满幻想的新词汇，他在藤条、金属和木材之间试验。1950年，他推出了一套令人耳目一新的家具系列"埃菲尔体系"，在制作过程中，除了使用木材，他还加入了代表时代潮流的金属。华耶尔认为现代元素已经不可逆转，必须适应。他在客户中推广这些元素，推崇极简的十字和人字结构，同时配以球形黄铜作为点缀。帕特里克·赛甘（Patrick Seguin）是当时最负盛名的建筑装潢评论家，他认为这个家具的线条源于埃菲尔铁塔。自1889年世界博览会以来，铁塔的身影出现在许多艺术家的作品中，从亨利·卢梭（Douanier Rousseau）到罗伯特·德劳内（Robert Delaunay）的画作中都可见一斑。这些埃菲尔风格的家具让钢铁这种金属材料找到了另一条出路，表现出细腻的一面，令装潢师的作品独具特色。某种意义上说，这恐怕是传统风格出身的装潢师们为现代潮流所带来的贡献。

Σ'ΑΓΑΠΩ
ΠΟΛΥ
OUI
NO

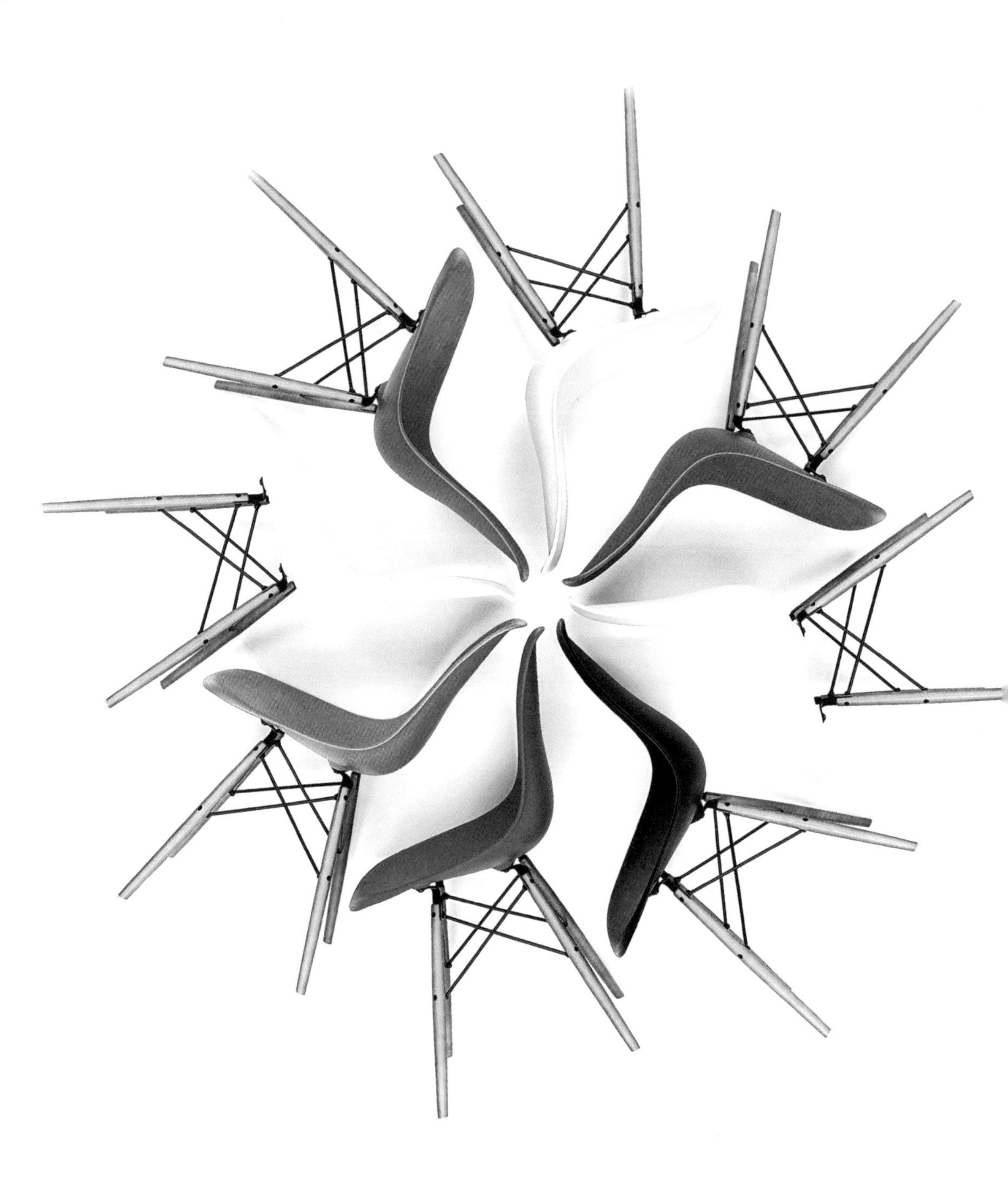

上图：1950 年代，查理 · 伊姆斯在座椅的支脚和横档中混合运用了木材和钢铁，革新了座椅的设计理念，这把座椅也很快被戏称为“埃菲尔之脚”。
右图：工业革命带来了材料的改变。让 · 普鲁韦（Jean Prouvé）的格拉工业台灯（Lampes gras）成了室内装饰中的新摆设。继铆钉之后，无缝焊接再次改变家具的外观。由曼格蒂（Mengotti）设计的夜光挂灯（Notte Fluo），米歇尔 · 贝哈施和埃里克 · 米耶勒布置室内。

居斯塔夫，该开饭了！

1950年，查理·伊姆斯（Charles）和雷·伊姆斯（Ray Eames）革新了座椅设计理念，他们将使用于航空产品中的材料应用在家具中，以玻璃纤维的外壳为基础，创造出著名的“钢管椅”（wire chair）。随后不同造型的钢铁支架座椅相继开发。虽然在设计之初，作品以DSK或DSX命名，但不久就被冠以“埃菲尔之脚”的名称。艾玛家具公司的丹尼·奥斯特罗夫（Denis Ostroff）称：“在设计者那儿根本无法找到这种称谓的出处，这个外号显然是爱好者给予它的，他们在座椅的设计中发现了和埃菲尔铁塔之间的相似之处：低耗、快捷、轻质，没有繁饰。”

如何定义“风格”？伊丽莎白·库蒂里耶（Elisabeth Couturier）在《设计使用手册》一书中说：“风格是一整套清晰特征的总和。一系列重复出现的纹样和标识的罗列……从内装层面上说，风格是一个时代特征的综合。”新风格从巴黎的建筑遗产中汲

室内设计师弗雷德里克·达巴西（Frédéric Tabary）的装潢作品。

取养分，虽然挖掘得并不多，过去的痕迹却贯穿始终。设计师布鲁诺·勒费夫尔（Bruno Lefèvre）认为："铁塔提供了多种解释。它很严密，但同时又很轻巧，远观近看各不相同。当时我建议施泰纳（Steiner）参照铁塔设计家具的流线，实现一种表现主义的风格，但无论如何必须是模仿得当的创作。金属镂空元素成了我们工作内容的主线。"于是古斯塔夫桌子就这样诞生了，无缝铁板和激光切割令人想起铁塔的镂空结构。立柱灯是这一系列的一大补充，它的灵感源于中国春节时的埃菲尔铁塔，光线因为镂空结构更加丰富。光源从内部透出来，卤素灯的使用让上半部分完全被强光笼罩。

当今，法国乃至世界的设计师和开发人都从铁塔的美学宝库中汲取养分。施泰纳的古斯塔夫桌子和日本设计师茂树藤代的埃菲尔脚凳就是最好的例子。

没有全部使用金属，却忠实于拼装的方式，日本设计师茂树藤代的脚凳是真正的结构玩具：采用纸板材料，并由小铆钉固定，让人想到埃菲尔铁塔。而在朱利安·科勒蒙·德·罗吉尔（Julien Kolmont de Rogier）设计的"工作现场"系列家具中，都采用了拼装玩具（Meccano）的组装方式，用小铆钉固定桌子的支脚。金属雕塑家卡洛琳娜·库尔博（Caroline Corbeau）则广泛使用激光切割技术，它的"Siffel"座椅成为出众的家具系列，向埃菲尔致敬。

上图：DKR-2 钢管椅，查理 · 伊姆斯和雷 · 伊姆斯设计，1951。

130 页图：钻石座椅（Diamond），哈里 · 贝尔特罗亚（Harry Bertroïa）设计，1952。

131 页图：罗西莱 · 雅思罗斯莱（Rössler Jasroslav）拍摄的铁塔，1929。

当代设计作品广泛吸纳了十字梁造型：金属玻璃脚凳（左上图）。卡洛琳娜·库尔博设计的黑色和红色铁椅（中、右），是向埃菲尔的献礼。车间挂灯和金属的环境风格一致（右页左上图）。

左图：1950 年，装潢师让·华耶尔从埃菲尔铁塔获得灵感，设计了“埃菲尔体系”家具。他创作了一整套灯饰和桌椅系列。此为埃菲尔铁塔立式台灯，1947。

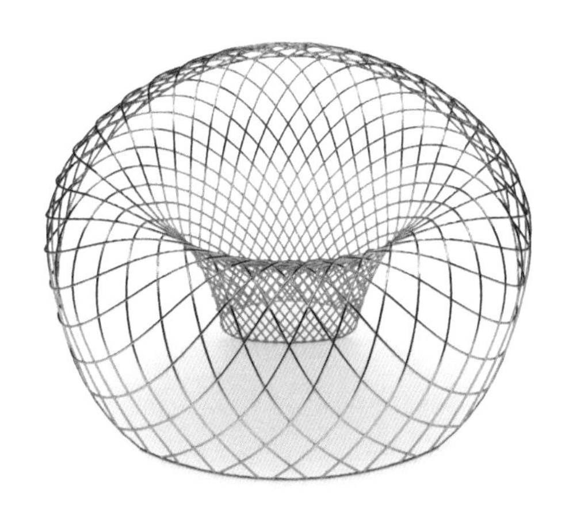

上图：悬空，全透明，翻转钢管椅，由澳大利亚设计师布罗迪·尼尔（Brodie Neill）设计，他擅长使用对称元素和金属镶边玻璃的反射。

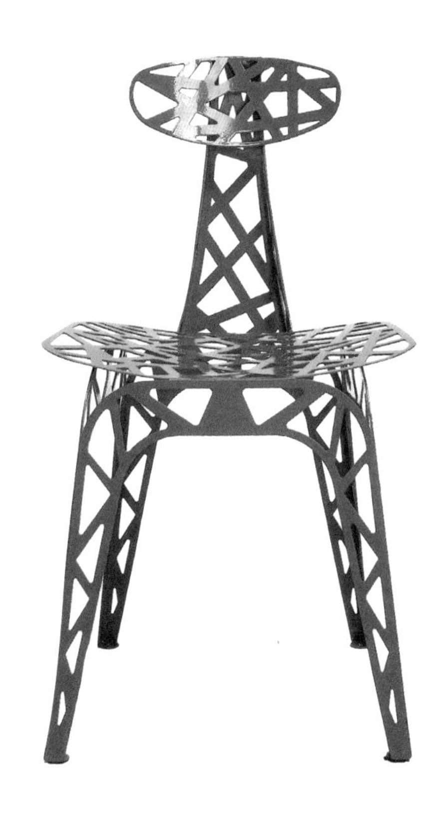

上图：日本设计师茂树藤代被铁塔十字梁的造型所吸引，设计出纸板拼装脚凳，可拆卸单独出售，和拼装玩具一样。它们的外包装上也印上了埃菲尔的名称。

右图：透过埃菲尔铁塔的十字梁拍摄的场景。马克·吕布摄影，1964。

朱利安·科勒蒙·德·罗吉尔的“工作现场”系列，它们像拼装玩具一样，由支脚和铆钉拼装而成。施泰纳（Steiner）品牌旗下，布鲁诺·勒费夫尔在他的设计中表现了铁塔的流线，作品因此浮现出一种历史感。

右图：灯柱的灵感源于中国春节时的铁塔。
下图：居斯塔夫矮桌，使用了激光切割法。

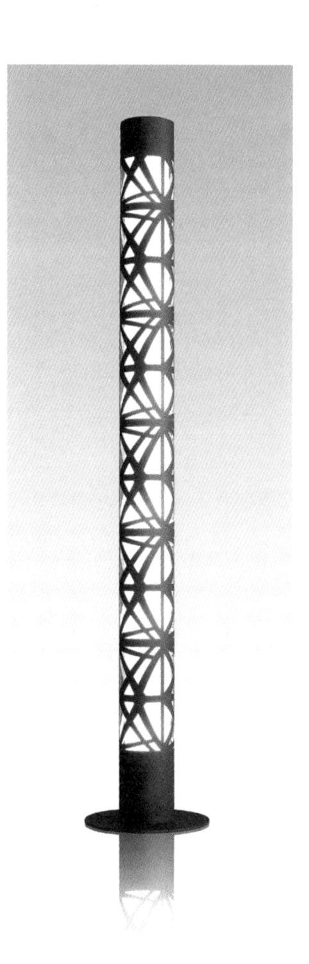

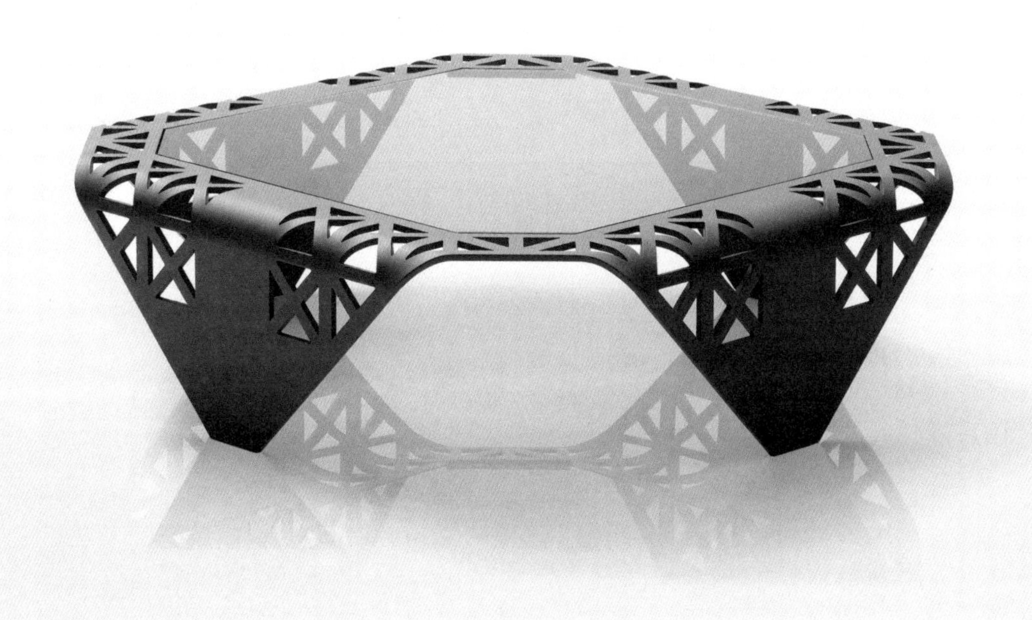

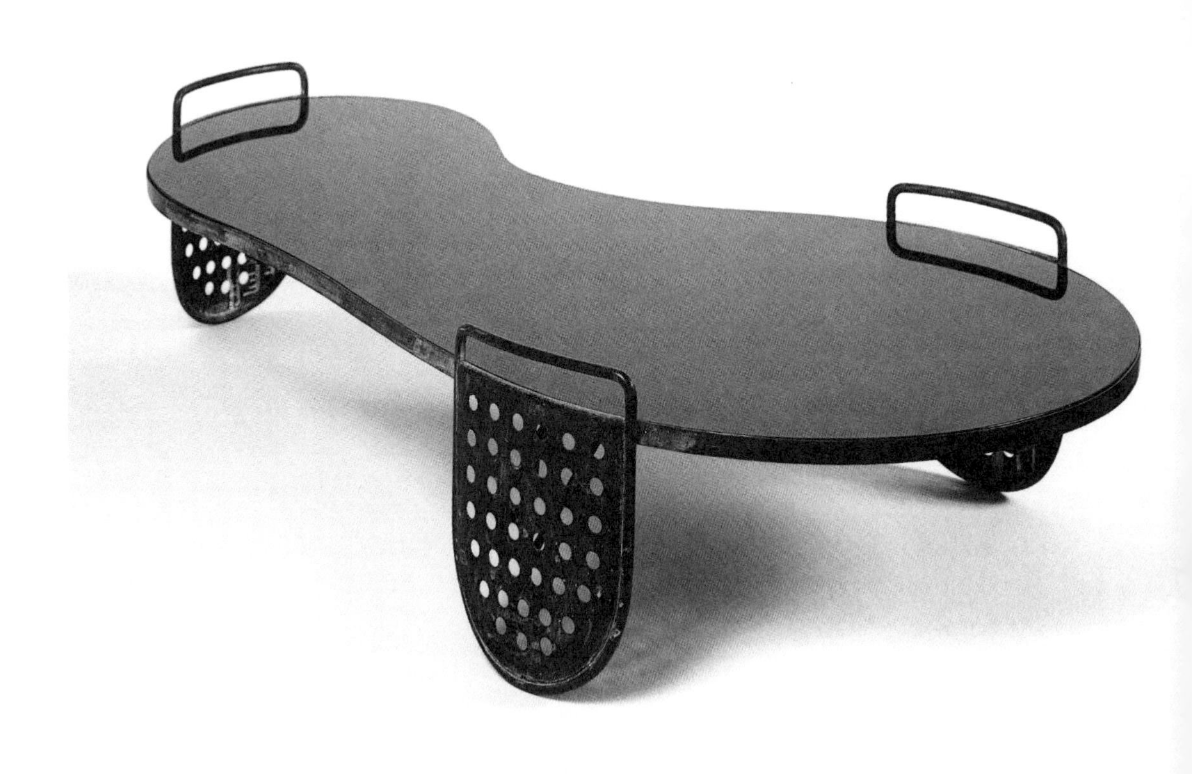

左图：现代风格推崇冷峻时尚，而室内装潢师让 · 华耶尔却敢于尝试充满想象的造型。除了他的“埃菲尔体系”系列家具，他在其他钢铁家具中也广泛使用了铁塔元素。

上图：时尚工业风格的路易十六式托架桌，钢铁和意大利紫罗红（Rosso Levanto）大理石材质；路易十六风格融合埃菲尔建筑结构，由钢铁雕刻家克里斯多夫 · 阿贝（CH.Abbe）设计。

下页图：高级家具开发人罗奇堡（Roche Bobois）眼中的工业家具；橡树和旧金属材质的大型长桌，金属和旧皮革材质的立架和脚凳。

铆钉：工业风格的官方标记

这是对一个时代的怀旧，一种极小主义美学。现在这些家具落户于居所中，而在一个世纪前，它们在车间、工厂和办公室中。

20世纪末，金属成为美感和现代感争议的焦点。金属材料的使用，开辟了建筑的新道路，也使一系列风格元素从工业遗产中脱颖而出。

今天我们所推崇的照明和工业家具来源于何处？20世纪之初，工厂配备有衣帽间、盥洗池、桌子和座椅。办公室也如出一辙，一系列设施的外观和它们的功能完美匹配。于是一整套实用产品也随之诞生，垂直的文件柜、多方向工业台灯、收纳型家具……在公共场所中，也采用了这样的装潢。随着娱乐时代的到来，凉亭、长椅、温室开始矗立于大城市的街头和公园。钢铁最适合大批量生产，也最符合现代人安全与卫生的标准，钢铁材料的主导地位变得无可争议，既清洁又防燃。我们可能并不知道邮政信箱、分类家具的设计者，但毫无疑问他们都是对钢铁材料无比精通的工程师或手工艺人，周密地考量过家具的功能性，让这些工业家具完美符合某项实际的需要。勒·柯布西耶用一个等式概括过——“需求 = 家具的类型”。

右图：现代铆钉装饰桌。

143—145页图：金属所展现的最华美的一面。工字钢和十字梁（让-克里斯多夫·巴洛，埃菲尔铁塔，巴黎，2003）。

145页图：吉尔得（Jieldé）设计的多方向工业台灯。

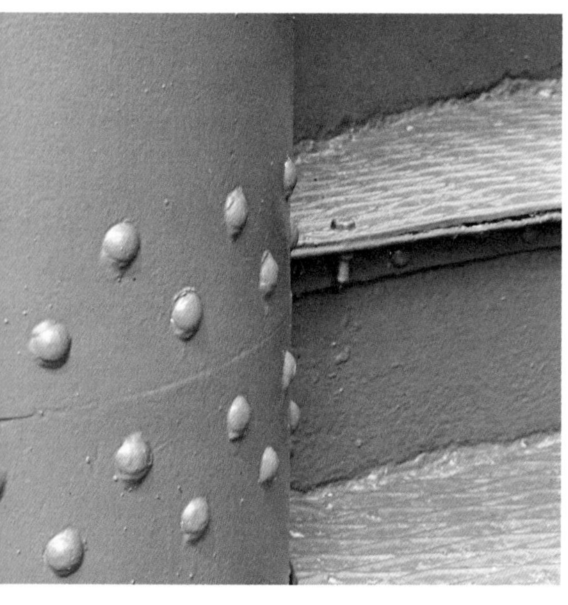

上图：办公家具。

左图：铜版雕刻，塔顶重力模拟实验。

148、149 页图：工业时代的宏伟金属建筑。148 页图：1851 年为伦敦世界博览会建造的水晶宫。149 页图：现代建造体系为新建筑形式开辟了道路。

铆工在铁塔上像杂技演员一样组装十字钢。每个梁需要6个小组，每个小组需4个工人，每天需安装上百个铆钉。18 000个铸铁件一共需要2 500 000个铆钉。铁塔日渐上升……

仅仅找到用螺纹钉或铆钉固定的工字梁或是一块金属片是远远不够的，需要再加工，将旧物组装，改造成办公桌、脚凳和书橱。吉勒·乌丹（Gilles Oudin）是工业家具的专家，他认为："这种类型的家具的黄金时代大约在1880年至1940年期间。"事实上，可以将这种类型的家具分为三大类：秘书椅、滑轨分类柜、抽屉式整理箱。一方面是职业家具，供专业人士使用，如建筑师用的台灯、牙医用的椅子；另一方面，则是普通办公家具，如秘书椅……最后，还有一些工厂用具，如车间椅、衣帽间格子柜等……铆钉几乎标志着一个时代，一种加工金属的方式。它让家居的加工和制造技法显得真实，就和19世纪传统热加工时期一样。在铆钉之后，无缝焊接让家具设计变得扁平。

铆钉风格的核心在于，它表现了一种制作的专业。不断提醒着人们铁塔建造期间，工程队在高处劳作的画面。在这种杂技表演般的高空作业中，一组四人，一天要安装上百个铆钉。"炉工"将原材料放在小火窑里加热到通红；"操作工"将铆钉原料推入孔中；"铆工"在铆钉的一头撞击，加工出一个铆头；"锤锻工"最后击上一大锤，让铆钉完全咬合。

铆钉特写：在新建造体系中，铆钉是现代风格的标志。一些家具采用了从建筑工地和造船厂回收的带有铜锈和铆钉的旧铜材。

这也是新时代艺术家们的工作步骤。马蒂厄·勒诺尔芒（Mathieu Lenorman）阅读了《300米铁塔》*一书后，对书中技术草图感触颇多，他对加工钢铁产生了兴趣。他到一家铁艺加工厂中学习切割、穿孔、上钉。然后创作他自己的作品。起先，他使用

* Bertrand Lemoine, *La Tour de 300 mètres*, Cologne, Taschen, 2006.

Antiquité
de PARIS
28 Rue Murillo

的是回收铁材，一些旧铸铁或锻钢栅栏。后来他开始创作他的钢铁家具，灵感直接源于埃菲尔铁塔。

在巴塞罗那的一个小镇里，格洛丽亚·马尔齐纳（Gloria Margenat）正在加工铁材，旁边围了五个专业工匠。格洛丽亚是艺术史专业出身，从事古家具的修复工作。她从一家老纺织厂购入大量的旧设备，给予这个特殊的工业遗产第二次生命。在她的仓库中，她加工了一些有几百年历史的机器，设计出了一项惊人的当代家居品：在这件作品中，金属工字钢的一部分变成了支架，成为一张巨型长桌的四个支脚；而皮质滚筒和木质工业模板也正等待着更新……

工厂座椅，弗朗波·施耐（Flambo Chinée）设计。

MILK CHOCOLATE
With natural vanilla flavor - Nt Wt: 1 1/4 oz
Poulain
CHOCOLAT POULAIN
BLOIS - FRANCE

Gourmets

从纪念物到装饰品

战神广场上的钢铁女神成了拍卖行中的明星，巴黎人的时尚标志。埃菲尔铁塔带上了一层怀旧、诙谐、独特的感受。它依然令人神往。

拍卖会上的欢欣

1889年，阳光普照的一天，一身时髦西服、高筒帽派头的居斯塔夫·埃菲尔，在铁塔的第二、三层之间的观景平台上拍照留念。

居斯塔夫·埃菲尔用材料的魔咒实现了他的工程师梦想：‘铁塔拥有它独特的美。’钢铁战胜了与其同台竞争的其他石材项目。

他在最后一层观景平台延伸段的桅柱上，插上了三色旗，微笑着，一手扶在阶梯的栏杆上，一手持拐杖，他享受着这一美好的时刻。他的工程师梦想已经实现，23个月的工程，铁塔建设无一事故，从未延迟，成为了世界博览会上绝对的明星。120年之后，2009年12月14日，由克里斯多夫·吕西安（Christophe Lucien）公司主持的“巴黎，我的爱”拍卖会在德鲁埃酒店举行。这是照片中铁塔中的一段，估价大约在6万至8万欧元之间，最终以10万欧元成交。在2010年，苏富比拍卖行更创下过552 750欧元的拍卖纪录。同时拍卖的还有三百多件巴黎的标志纪念物，如招贴柱、路灯、报亭，而这段7.8米高的阶梯是全场的亮点。“出自埃菲尔铁塔的第16号螺旋状阶梯，于1889年涂漆，共包括40

154页图：埃菲尔铁塔博物馆展览的各类纪念品。
右图：埃菲尔和他的女婿及合作者阿道尔夫·萨勒（Adolphe Salles），1889。

级台阶，主体部分由4排平行的圆铁扶栏组成，并有主立柱支撑。”钉在主干上的铸铁铭牌证明了它源于1983年12月1日售卖铁塔组件的时候。事实上，为了符合当时的新安全施工标准，埃菲尔开发公司（La SETE）拆卸了连接二层和三层之间的一段阶梯。这段阶梯由二十四段长短不一的部分焊接而成。其中一段原先是预留给铁塔一层的，其他三段则卖给了法国的博物馆。

谁会是这些阶梯的爱好者呢？那些对巴黎情有独钟的人，宏伟建筑的怀旧者，都会出于私人的爱好购买它，或是自认为成了铁塔的资助人。其中一段由一个日本商人兼收藏家竞得，这段铁塔现在立于距离东京120千米的山梨县，在吉井画廊的花园中；另一段在一家荷兰企业家的公司里，用以配合他的公司标语：“永远更高！”

不购买一个女神的复制品放进行李箱，简直无法离开巴黎。扇子、盒子、笔、木雕挂钟铁塔模型：“埃菲尔铁塔迷恋”从铁塔开工时就一直存在，人们复制它、缩小它或扩大它。各式各样的铁塔摆件，有用的或没用的，复古的或时髦的。人们总怀揣个梦想，拥有铁塔就像拥有了一个具有魔力的图腾。

PLUME
EXPOSITION
GRAND PRIX
UNIVERSELLE, PARIS, 1889
BLANZY, POURE & Cie.
BOULOGNE S/MER

火柴、拼装玩具、折纸、铁丝，铁塔给模型爱好者带来了好福利，摄于 1959 年。

另有一段用在了纽约的自由女神像里，居斯塔夫·埃菲尔设计了内部的金属结构；一段成了沃尔特·迪士尼的私产，被放置在迪士尼乐园一个仿造的铁塔边上；另外有两段被歌星盖·贝阿（Guy Béart）购得；一段被勒瓦鲁瓦-佩勒市（Levallois-Perret）获得，也即居斯塔夫的故乡；另一段则在马恩河畔诺让市（Nogent-sur-Marne），目前再度流入了拍卖市场。还有两段，分别在纽约和新奥尔良的餐厅中，其他流入加拿大和瑞士。最后一位买家是一个法国废铁收购人。他甚至将每一级台阶都切割下来用于零售。堂而皇之称之为“让艺术走下楼梯，延长美的愉悦”，并表示“很享受这一偶然的好买卖”。他号称已买下并用同一方式开发了柏林墙的一段。

一年之后，这家拍卖公司再次推出了埃菲尔铁塔的物品：一个铁塔外形的挂钟、一段铁塔结构里的十字梁、一对来自居斯塔夫·埃菲尔居所的烧陶护栏。拍卖不断推出。阶梯几经易手。2011 年 6 月 16 日，1983 年埃菲尔铁塔上举行的艾德尔拍卖会上曾拍卖过的一段阶梯再次出现在纽约的苏富比拍卖行中。虽然所有者对它进行了完整的修复，十四级灰漆阶梯甚至不足 12 万美金，直径 1.72 米、高 4 米的主干只拍得 656 00 欧元，也可能是因为标记这段阶梯的铭牌已经遗失……

收藏这件事上，埃菲尔铁塔大获全胜。巴黎狂热爱好者、首都象征物和主题物件拍卖会的组织者克里斯多夫·吕西安，一直以来都对主题拍卖会能激起的持续兴趣感到惊讶："这里什么都会有，精美的铁塔形状的剪纸，博览会的玻璃球里的木质模型。铁塔本来就是用来展示、被人观看的，它本来应该被拆除，现在却成了一件不断吸引人的物品。此外，历史和文学令它的内涵不断丰富，那些伟大的塔总是会不断激起讨论，提供各种解释的可能……我游历世界，但每次回来，都会重识巴黎的美妙和谐。这个城市的所有象征性宏伟建筑都完美镶嵌其中，就像一杯奇妙的鸡尾酒。对我而言，埃菲尔铁塔和蓬皮杜艺术中心最完美地诠释了时代的气息。"

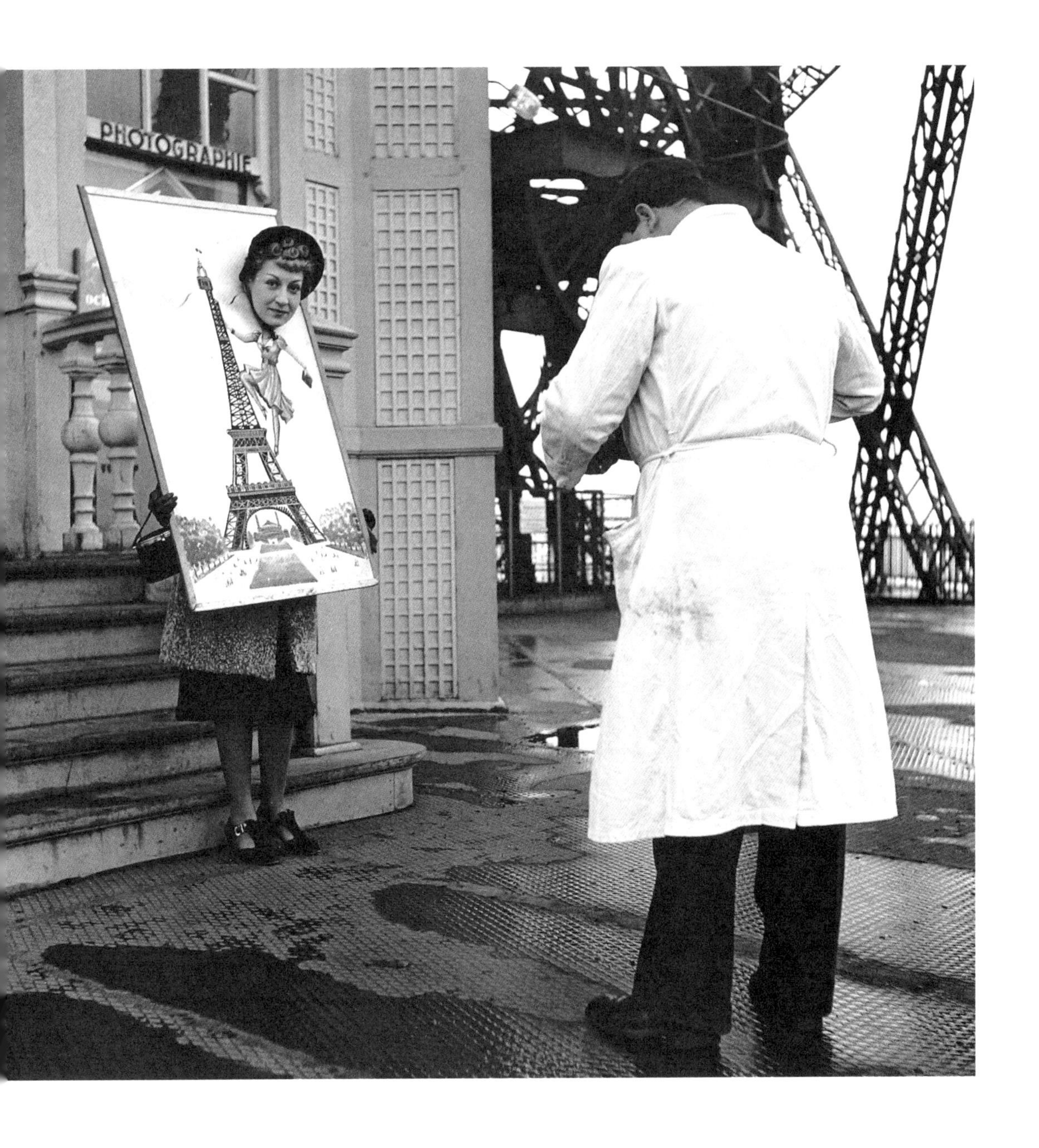

攀登铁塔是一次超乎寻常的经历。在铁塔观光平台上，登塔者可以获得奖章，人们将头伸入明星海报拍照留念。德尼斯 · 贝隆（Denise Bellon）系列摄影作品：《铁塔五十年》。

164、165 页图：时光流逝，被替换的各段铁塔阶梯流入到博物馆或私人手中……
164 页图：1931 年皮埃尔 · 布歇（Pierre Boucher）拍摄的铁塔阶梯。
165 页图：对铁塔极其相似的模仿，被安置于现代家装中。

在铁塔巨大的身影下，“铁塔迷恋”效应。雅尼娜·尼耶普斯（Janine Niepce）拍摄于1950年代。

从小摆件到收藏品

在铁塔经营之初，就有一门生意蓬勃发展起来——复制铁塔。埃菲尔铁塔展现在无穷尽的形态下、各种可能的材料中。

第一次推广活动当然要属春天百货定制的奖章。在世界博览会期间，如果登上铁塔，就能买到这枚奖章，作为探险的珍贵战利品。事实上，在铁塔开始建造时，工程师查理·德维克（Charles Devic）见到一颗掉落的螺钉，于是有了用剩余原材料制造纪念品的想法。他建议埃菲尔购买那些空中坠物。埃菲尔和春天百货的总裁儒勒·贾吕索（Jules Jaluzot）合作，最终在1887年签订了此协议。据儒勒回忆说："埃菲尔热衷于将铁塔建造过程中产生的跌落物、碎屑、毛边废料运送过来，大致的估价在每100千克8法郎，这些跌落物和碎屑被加工成了各种性质的奇妙小物件。"但公司却因诉讼最终清仓甩卖，埃菲尔认为那些在春天百货售卖的小铁塔完全和铁塔的原金属材料不相符。

迷你铁塔的问世，将再生产的垄断权问题摆上了桌面。1889年4月14日，国家最高行政法院判定："埃菲尔铁塔属于公共建筑。"绿灯从此开启，"铁塔迷恋"传遍全世界。各种各样的复制品不断涌现。大众杂货或收藏品都烙上了"埃菲尔"的印记：1939年，罗伯特·米盖尔（Robert Miquel），又名罗米（Romi），这位作家同时又是一位收藏家，他在《铁塔的波普艺术》一书中仔细剖析了这种被建筑物所激起的狂热。“最初十年，在任何首都都找不到一件类似的宏伟建筑，每个法国公民都因拥有它而感到骄傲……人们将纪念物买回家中，为了怀念和证明巴黎之行，证明参与过世界博览会，登上过埃菲尔铁塔。在外省地区，人们买回了巧妙地嵌在小金属铁塔中的温度计或插针垫，他们成了当地的名人。每天晚上，村里的孩子们围绕着他坐上一圈，聚精会神，听他津津有味地讲起那次令人眩晕的高空漫步。”这位作家甚至根据铁塔纪念物的材质把收藏者们分成了四大类:泥煤类、金属类、水晶玻璃类、织物类!

埃菲尔铁塔至今令人神往。它是巴黎的象征。当游客们（每日15 000人次）攀升至顶峰又回到地面之后，他们几乎会用宗教仪式般的回忆方式向它致敬。种类繁多的小挂件和大小不一的模型，各种材质，闪灯的、玻璃的、铁质的、陶瓷的……人们都已陶醉！在家中摆上一个缩小模型，放在桌角边上，自上而下看，这样就好像控制了这个钢铁巨人，拥有了它。正如罗兰·巴特分析的："小埃菲尔铁塔的无穷繁衍，再生产的创造力和想象力，购买者的情有独钟，这些都来自于对铁塔的两种幻觉，每个购买者都好像通过占有，经历了铁塔的创造：第一种幻觉和铁塔的微型化有关。埃菲尔铁塔首先是因为它的高度而闻名，拥有一个缩小版的铁塔会有再次吃惊之感。购买者可以将它握在手心，放在桌上……可以模糊地想象，在桌上的缩小模型并非真正的埃菲尔铁塔，也不是仿造的铁塔，而是未来的塔，好像它将会被重新铸造

在家中摆上一个缩小模型，放在桌角边上，自上而下看，这样就好像控制了这个钢铁巨人，拥有了它。

上图：多彩横条纹铁塔模型。

一样；因为在想象中，真正的建筑模型和纪念品并没有区别：购物者将自己投射其中，仿佛成为了建筑师、工程师、材料的征服者，这样就造成了购买者的第二种幻觉……通过以上对铁塔疯狂复制的分析，可知铁塔是属于全世界的，更确切地说属于所有想象力。”

伊夫·卡斯特兰（Yves Castelain）试图为纪念物重新定价。他尝试给一个普通小铁塔喷上色料。他成功了。“谢谢居斯塔夫！”（Merci Gustave !）这个新商标的问世带来了一场变形之旅。平凡小物转眼成了巴黎爱好者和收藏家们的藏品。伊夫·卡斯特兰和时尚珠宝界的娜塔莉·勒莱（Nathalie Leret）联手，这两个头脑疯狂的人将钢铁女神着装打扮，不断尝试着改造它，每年制造出一个和时事相连的新主题。蓝、红、包金、条纹、锌合金，打上铅印，发行限量版。这件礼物不但是观光客的最爱，也备受巴黎人的青睐。从此，人们能在最潮的商店里发现它，从乐蓬马歇百货到称得上巴黎设计界神庙的圣·奥诺雷街（Faubourg-Saint-Honoré）的柯莱特时尚精品店（Colette）。两位创始人最近还签约了艺术家本（Ben）和安德鲁（André），推出了当代艺术新品；2011 年夏，他们推出了 ZeBig，在原有规格（31.5 厘米高，也就是一个葡萄酒瓶的大小）上增加了 1.1 厘米，更有 BigBig，增加了 2.2 厘米的特大版。

多方向车间台灯、铁丝铁塔、铆钉桌……这些工业家具会合在一起，唤起了人们对一个时代和一种风格的回忆。

West 34th St
420-498
ghth Ave
TIME S
ARE

小型奢侈物，高雅的造型，世界博览会结束至今，每一年都会有新的纪念物问世。还有拍卖会上的古玩，不断激起收藏爱好者的热情：埃菲尔铁塔灯（19 世纪末）、卡门贝干酪盒（20 世纪初）、游戏球，无不唤起人们对童年和那个时代的回忆。

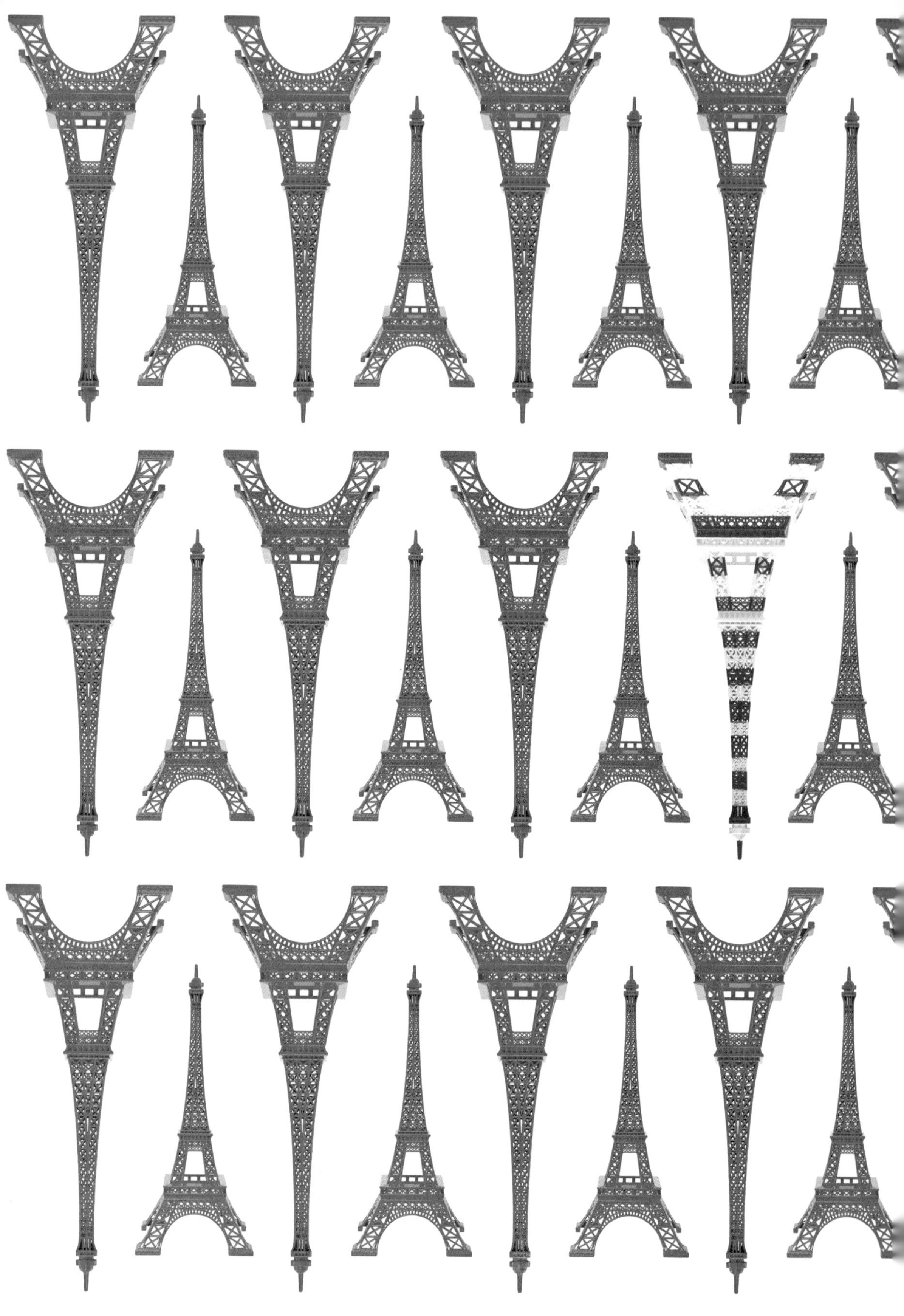

复制铁塔

2009年，铁塔建成120周年之际，这位钢铁女神变得美妙迷人，上千盏彩灯装上了它的镂空裙边。不夜城中不灭的光，它在夜空中闪耀，向世人展示巴黎式的生活艺术。

人们的热情不减，各种媒介给予铁塔不同的形式，缩小版的铁塔促成了铁塔性质的改变和各种配件的开发，都充满怀旧、幽默和新颖之处。时尚知名品牌的加盟，路易威登、爱马仕、迪奥都竞相将铁塔采用在产品的推广中。巴黎作为奢侈品之都，承载的都是梦的幻象。装潢师和设计师另辟蹊径，将它从纪念品改造成优雅新潮的奢侈装饰品。这个宏伟建筑物是怎样神奇地进入家居生活，成为众人追捧之物呢？相对于独立而古典的设计，一系列毫无使用价值和功能的物品被制造出来。它们和我们的记忆深切交织，将我们带回到童年和那个令人怀念的年代。

小型建筑奢侈品，精灵般的造型，变化无穷的色彩。每年各种新品层出不穷，不断激起巴黎人对铁塔的热情。“在自己的家中就有这么一尊迷你的神龛，就好比拥有了一座具有魔力的图腾”，符号学家奥迪龙·卡巴（Odilon Cabat）这样解释。金属事实上非

拥有一尊缩小版的铁塔模型，就是拥有了一小段巴黎。不论它是金属、玻璃、纸板还是印在织物上，都非常畅销。

“谢谢居斯塔夫！”通俗之物变成了典藏品。

常普通，却完美地投入到了这场出色的游戏中。

贝尔纳尔·福雷斯蒂尔(Bernard Forestier),法式园林爱好者，他是第一个将悬挂式铁丝雕塑引入家居中的人。他的灵感源于园林修剪术。他使用同样的技法，制作了极具风格化的铁塔，高度从0.75米至1.5米不等，非常优雅地表现了线条和镂空感。无数品牌都利用了铁塔标志性的流线，制作实用美观的产品，比如这座带灯罩的灯：尤利西斯的花园（Jardin d'Ulysee）金属或木质极简台灯。弗洛（Fleux）的稍繁复一些，银色主体，镜面灯罩。

居斯塔夫·埃菲尔是眼光独到的商人，当时他已经想到了铁塔纪念物的开发将是一大财源。时光流逝，纪念物的形貌也发生了改变，时尚创意、奢侈品世界都从它的外形和美学元素中获得灵感。变成了台灯支脚、靠垫上的丝网印绘（Bonjour mon cousin），它在安妮·瓦莱丽·哈什（Anne Valérie Hash）的浅口皮鞋上，在妙巴黎（Bourjois）的迷你小盒上（“巴黎之约”系列），在万宝龙（Montblanc）钢笔的限量版中，或是在“迪奥小姐”的十字梁设计中。召唤的魔力仍在延续。

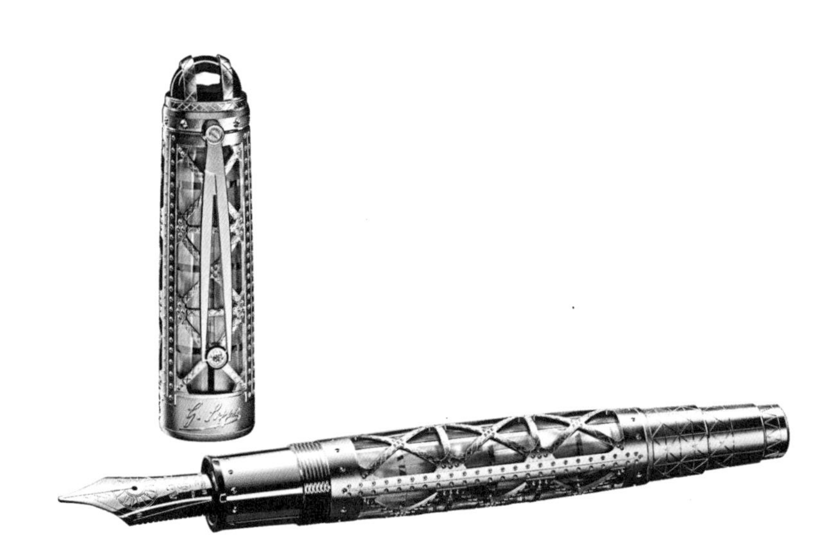

在织物上，数码喷印令各种想象成形。靠垫带上了明信片的韵味，被印上了怀旧的图片，突出了横梁和十字钢，让图片更具画面感。提欧茉莉（Téo Jasmin）品牌下的设计师们结合了多种风格，将一个路易十五风格的长沙发的基座和后背包覆上了一块充满铁塔支脚和镂空结构的外皮。而在花宫娜（Fragonard）的系列产品中，巴黎的铁塔绣在了一系列旅行包和蝉翼纱巾上。刺绣被广泛采纳，这次"露"（Lou）品牌的内衣系列里，设计师更是采纳了铁塔的镂空纹饰。"蛋糕上的樱桃"（La Cerise sur le gâteau）是安娜·于贝尔（Anne Hubert）创立的品牌，她设计了一系列充满诗意和趣味的日用织物和配饰。从法式流行元素中汲取灵感，通过丝网印刷的手法给铁塔上了一层荧光。铁塔在床单、清洁布、工具柄上闪闪发光。

珠宝配饰、衣物、家居织物、家具，

对埃菲尔铁塔的痴迷无处不在。

把埃菲尔铁塔穿在脚上？这个梦想因为安妮·瓦莱丽·哈什的作品而变成现实：一双具有出彩十字编织的高跟鞋。另一位设计师，将铁塔倒置成尖细的鞋跟……稀有金属和珠宝无异，比如都彭（Dupont）的手机挂件拴在银链的一端，朱莉·贝纳丹（Julie Bernardin）设计的镶有珍贵石材的耳坠，路易威登奢华的白金钻石塔状项圈，爱马仕的白金钻石十字手镯。

工匠们的手艺因材质和图案的不同有了一种全新的改变。比如埃菲尔开发公司（SETE）120周年推出的限量版拉吉奥尔（Forge Laguiole）军刀，采用1980年代初铁塔拆卸时留存的角铁原料。这块原料铁材被十分小心地保存至今，从未被使用。军刀再现并演绎了铁塔特有的曲线，并在钻石上刻上编码。军刀并未打磨加工，而是用极为简单的金属切割表现机械原理的手工工艺，并刻意选用了加固铁塔十字梁的铆钉。万宝龙钢笔的设计广为人知，它的制造工艺有着百年的历史。因为完善的制作工艺和美学理念，它已成为纽约现代艺术博物馆的藏品。今年的新设计重新将它推到了时尚舞台的前沿。18K 白金，91 支限量版。和瓦莱丽 · 顾佩琪（Valérie Coupérie），也就是古斯塔夫的曾外甥女合作。为什么是埃菲尔铁塔？因为推出限量版藏品的常规做法都是为了纪念一个建筑物或一个历史名人。

除书写的基本功能之外，珠宝钢笔的设计理念让人想到埃菲尔铁塔所代表的挑战和技术上的成就。钢笔共包括了 91 个组成部分，以表达对居斯塔夫 · 埃菲尔逝世 91 年的追忆……在这个微型工程中叠加了多重象征含义，杰出的制作工艺再现了铁塔典型的圣安德鲁十字。它预示了一种潮流的回归，一种真正的法式技艺的归来。

18 世纪，朱伊（Jouy）面料被称为“插画书”。这种布料充满故事，通过插画，表现一个时代的风气，或是彰显一个历史事件。时尚随时间而改变。但铁塔总能和当下的时尚契合，名正言顺出现在印花面料中，像一幅幅连环画。让-查理 · 卡斯泰尔巴雅克（Jean-Charles de Castelbajac）作品。

2003
DE L'AMOUR !!!
VOUS N'AVEZ PAS TROP CHAUD?
1780
1701
L'AMERIQUE C'EST MON PAYS DE RÊVE!
PARIS

西勒万·耶特曼（Sylvain Yeatman）

埃菲尔家族成员

“埃菲尔铁塔的外形是数学计算的成果，是一种纯粹的工业美感。它的美学理念也来源于此。”

我钦佩埃菲尔的为人和技术成就，埃菲尔本人也是一位杰出的商人。自铁塔开放之始，他就懂得更好地开发他的各种权利，在每层搭建望远镜，出售证书和奖章给登上铁塔的人，不用说还有众多商家和餐厅签下的高额合约。他不断令铁塔增值。第一年的分期还贷曾让他耗去80%的个人财产。之后，他很快找到了对铁塔的科学使用方式，并使它获得了永生。铁塔真惊人，是当时唯一达到这种高度的宏伟建筑物。这种高度只是为了获得一种视野，只是用于登高。但现在它成了新建筑的标尺，现在的建筑师们会说要建一个有三个或五个埃菲尔铁塔高度的塔！

182 页图：2010 年，在卡尔纳瓦莱（Carnavalet）博物馆举办的“首都之旅”展览中，路易威登公司将行李箱叠放成铁塔的形状。雅克-亨利·拉尔蒂格（Jacques-Henri Lartigue）于 1978 年拍摄。183 页图：置于桌面的铁塔。

上图：十字梁图案的面料给路易十五风格的长沙发带来眩晕感……铁塔凌驾于所有风格之上，穿越各个时代，带来令人沉醉的感受。

影像
定格

神秘、迷幻、浪漫。在 21 世纪初，广告和奢侈品让这位“钢铁女神”变成神话。

它一再邀请我们去体会令人眩晕的攀升。

造梦机器

铁塔首先是一个精致、强健的身影。一个铁甲尖顶，瞬间便指明巴黎。

埃菲尔开发公司总裁让-贝尔纳·布罗（Jean-Bernard Bros）说：“铁塔建成时，被一致认为是世上最高的建筑物。现在，它继续展现着巴黎所意味的一切：不夜城、浪漫之都、人权之城、第二次世界大战的象征性城市。可以说，现在埃菲尔铁塔虽然失去了高度竞赛中的优势，却成了建筑史上的计量标杆！它是法兰西全方位的标志，从未被超越。”

第一个想到用埃菲尔铁塔作为品牌形象的是安德鲁·雪铁龙。他的灵感又得益于一位意大利光线艺术家费迪南·雅各布斯（Fernard Jacopozzi）。这位光线魔术师因为他的灯光计划预算过高而被拒。失望之余，他将计划推荐给了这位大企业家。雪铁龙很快发现了铁塔的丰富象征含义，认为这座现代宏伟建筑物意味着现代、果敢和技术的娴熟。雅各布斯设计了光芒四射的一幕。高潮部分更

1950年代，克里斯蒂安·迪奥公司的模特队在象征着奢华和高雅的埃菲尔铁塔前，山姆·莱文（Sam Lévin）拍摄。

在铁塔的三个层楼上，特别表演了雪铁龙品牌的7个字母和人字形标志。十年来，铁塔灯火通明，从未有一刻让观众厌倦。这个意大利人准备的装置带来的惊喜一个接一个。就这样，首个雪铁龙的广告短片诞生了！

埃菲尔铁塔不仅是一个被崇拜的宏伟建筑，它更是一个包罗了各式各样简短、瞬时形态的丰富资料库，和文化、艺术、情感的价值相呼应。埃菲尔铁塔充满了象征的意味。它创造了神话和历史，并将这些神话和历史转移至各种产品中。广告在这里找到了充满想象的沟通符号。发掘想象就是凸显品牌个性，激发、调动消费者的欲望。比如，百年老店老佛爷百货，称得上文化遗产的代表。老佛爷百货和埃菲尔铁塔一样，都是旅游必经之地，巴黎人流最旺的地方。1980年代，它是时尚的圣庙，法式潮流的化身。而帕莎·本西蒙（Pacha Bensimon）为黄金国旅行社（Eldorado）所设计的商标使老佛爷百货的神圣地位定格。在他笔下，两个“T”合并在一起，形成了一个别具风格的塔状，也将品牌形象和城市形象更紧密地联系在了一起。当然，随着时间的推移，埃菲尔的形象也随之改

现实：1925年装潢艺术展，雪铁龙的品牌商标在铁塔上光芒四射——这是唯一一次通过这种形式推出的广告。虚构：铁塔倒映在汽车制造商推出的最新款车上（1964，马克·吕布拍摄）。铁塔的魔法总在不断更新之中。

变。让有能量、有创造力的想法变成现实，让一个品牌获得国际声誉，成为时尚界的引领者，让-保罗·古德（Jean-Paul Goude）自2000年以来，通过相继推出新的创意广告达到了这一目标。一个代表老佛爷百货风格的女人形象，被连续不断推出，和公司当下的活动紧密联系：玩具海报上的毛绒熊戴上了埃菲尔铁塔帽，一个女人的剪影高过铁塔，带着蓝、白、红色饰带，上面写着“时尚之都，大型百货”……

CITROEN

如果铁塔失去了高度竞赛中的优势，它仍然是巴黎的最佳代表。它仍然毫无功用又魅力无穷，吸引着全世界。

上图：老佛爷百货海报。在 2007 年“法国，令人震惊！”活动中，让-保罗·古德在广告中将铁塔倒置。

为了表现大百货公司的精神，突出它的标语“时尚更有力”，创意者设计了一张倒置铁塔的图片：在一个刻有金色“法国”字眼的基座上，一个穿着晚礼服的女人手撑在倒置的铁塔上。铁塔被翻倒悬空，像一个用足尖跳舞的舞者。这位钢铁女神一直述说着巴黎的幽默、挑战和力量……“露”内衣公司的案例也一样，一对情侣于 1946 年成立了这家小型内衣公司，发展到现在已具国际规模，该公司的营销团队在 2008 年全面推广了他们的产品。法式内衣一直在国际上享有声誉。和巴黎这座城市相连的市场营销理念，使它在成衣市场中找到新的定位。广告活动推出“露巴黎，巴黎属于露”的标语，在广告片中，带有刺绣的文胸和铁塔的镂空结构融汇在一起。手艺的精湛、时尚的路线都和品牌创始人吕西安娜·法莱尔（Lucienne Faller）的初衷相吻合。

瓶中巴黎

浪漫逸事或是希区柯克式的悬疑电影，所有空间都在这个过去的建筑中交会。历史积淀和时尚创新相互滋养，相互影响。浪漫主义、生活的艺术、奢华、性感，巴黎本身就是最浪漫的灵感之源。广告的力量在于，当一个女人拥有一小瓶香水，就能远距离地获得这份巴黎带来的感官体验。1928 年，“巴黎之夜”（Evening in Paris）在美国首发，被装在一个钴蓝和银色的小瓶里，外包装上还印有巴黎的建筑物：妙巴黎的这款香水一举获得巨大成功。这是瓶中的巴黎。在法国则名为“Soir de Paris”（巴黎之夜）。在它的海报中展现了夜巴黎独有的法式精致。“铁塔是代表巴黎和法国的现成的完美意象，”《香水》一书的作者理查德·斯塔梅尔芒（Richard Stamelman）解释说，“它是想象出来的超级娱乐道具，总能令人吃惊。有了它，已无需再用什么词语来表现法国文化了。它具有历久弥新的神力，我们从各时期的海报变化中可以看到，铁塔和香水所带来的两种感官经验的协同效用越来越明显。最初是一瓶香水涵盖了所有要素。比如1930年代的‘巴黎之夜’，之后的兰嘉丝汀（Lancaster）的‘巴黎小姐’，香水瓶也被设计成一个铁塔形状。这是在某种意义上将巴黎装入了瓶中。广告给观众一个出发点，让人能将自我投射入一个场景或一出剧情中，香水并不直接出现，广告制作人通过画面和夸张离奇的情节，从另一个角度让人们瞥见它。象征物之间是相互联系的，最终会像晕轮一般合而为一。”

1940 年之后，女性们对“巴黎之夜”香水情有独钟。

Paris je t'aime

F-GHCD

PARIS

YVES SAINT LAURENT

法式浪漫

在巴黎所有的宏伟建筑中，埃菲尔铁塔始终是宠儿。各行各业总能够在其中找到和时代气息相符合的内容。它经久不衰，从未停止它的魅力，始终给人带来一种眩晕感。广告创意热衷于令人炫目的故事。对于那些充满象征的品牌而言，铁塔是引人遐思的理想故事背景。克里斯蒂安·迪奥是新风貌（New-look）品牌的先锋，可可·香奈儿一直喜欢出其不意打破常规，而让·保罗·戈尔蒂埃乐于制造挑逗性的错位。各大品牌给予铁塔的厚爱在广告短片中可见一斑，它的出现往往作为短片的终极句点。在吕克·贝松为香奈儿5号制作的"小红帽"短片中：女主角穿过铺满黄金的长廊，身边是一头驯服了的狼，黄金长廊的出口处，大门洞开，雪天之间的城市中，埃菲尔铁塔熠熠生辉。在"约会"中，裘德·洛——迪奥男士淡香水的代言人，开着一辆复古的汽车穿越夜巴黎，在特罗卡代罗广场和神秘美女相遇。破晓晨光中，情侣和铁塔，三个剪影融为一体。

最疯狂的故事正在巴黎上空上演。让-保罗·古德为伊夫·圣罗兰设计的短片，任何事皆有可能，香水通过多重象征的混合被表达出来：巴黎、爱、眩晕……

眩晕症

在巴黎的天空下，诞生了最奇异的故事。无拘无束，身轻如羽，短片中的主角总能飞翔在城市的上空，而埃菲尔铁塔在远处召唤着他们。高田贤三（Kenzo）香水最新的广告里，罂粟花从巴黎房屋的屋顶上长了出来，大红的花朵蔓延至万里无云的长空，而巴黎上空最高的建筑在背景处若隐若现。另一个广告片“Ricci-Ricci”中，玫瑰红丝带和巴黎屋顶出现在场景的中央。只是男女角色互换了位置：男主角靠着阳台，一个妖媚的女人，轻盈魅惑，飞起来与他相遇……飘动的丝带仿佛充满芬芳，让女性的魅力化成有形之身，飘飞起来直至将埃菲尔铁塔团团围起。

“巴黎，伊夫·圣罗兰”（Paris,Yves Saint Laurent），让·保罗·戈尔蒂埃为这款香水想象了一幕奇妙之旅：女人、情人、香水都在铁塔之巅相会。情人乘坐直升机，女人穿着高级时装，埃菲尔铁塔之巅就是他们的约会地……全篇充满了关于巴黎的老套路，但却透过拍摄者黠笑和保持距离感的镜头来观看。“巴黎女人”（Parisienne）香水多次推出广告，凯特·摩丝（Kate Moss）的倩影在倾斜的巨大铁塔前，伴随着漫漫长夜将尽。广告片可以极尽浪漫，充分利用这个时代的流行符号。比如在纪梵希的“游戏”黑白广告中，贾斯丁·汀布莱克（Justin Timberlake）和努特·希尔（Noot Sear）奔跑着登上了令人眩晕的铁塔，手中MP3外形的香水瓶奏出旋律，整个巴黎的灯光随之律动。是铁塔带来的魔力吗？

1965年拍摄的模特，铁塔之巅，女人和塔影相叠。

临时居所，极致景观：从 Everland 酒店拍摄的埃菲尔铁塔的 360 度全景。这家“巡回”旅行的旅馆，是 2002 年瑞士国家博览会的一个展馆，只有一个房间。2005 年，旅馆曾落户莱比锡。2007 年末至 2008 年末，在铁塔前结束了它最后一次长途旅行。

有人偷了埃菲尔铁塔！

朗布勒甘上尉第一个发现了这个令人震惊的事。正如我们所知，他是铁塔无线广播站的负责人。起先，他简直无法相信，他揉了揉眼睛，掐了下手臂，设想他是在做梦或是一时恍惚。突然，他被一种恐惧感攫住。这个身经百战的男人，此时全身发抖，气喘吁吁地奔跑，躲入地下办公室，向值勤员抛下句谜一般的话："它不在那儿啦！"然后，对着电话大喊："喂喂！快点小姐，请接警察厅……是的，小姐，非常紧急……喂，警察厅吗？厅长在吗？他睡着了？马上叫醒他……我是他的朋友朗布勒甘上尉……""啊，是您啊，亲爱的。""是的，是朗布勒甘，老伙计，埃菲尔铁塔被偷了！"当时是清晨 4 点，天色渐渐泛白。*

被寒冰侵蚀，浸入塞纳河水，又被电磁铁吸引起来，击毁，扬起，在冰与火中重创，被激光截肢……埃菲尔铁塔在建成之日的第二天就成了通俗小说中的主角。19 世纪末开始流行，这类体裁创造出了最佳的科幻小说，并赋予了这座金属塔恰如其分又夸大的女性形象。车站读物、报刊连载、分卷本、小册子、连环画……不管 10 厘米、15 厘米还是 20 厘米厚，成千上万的读者都如饥似渴般吞食了这类凡尔纳式的历险小说。几年之后，在美国人们将之称为科幻小说。"它脱离了不能动的身体，变成一个完完全全的人，落入科学的奇幻世界，自然而然进入到人们的集体记忆中。"盖·考斯特（Guy Costes）说。**

晨曦中，埃菲尔铁塔的身影。《埃菲尔铁塔浮出浓雾》，安德烈·柯特兹（André Kertész）拍摄，1925。
"两个各自天涯的人，两个情人或两个朋友，他们知道，在他们共同的视野中，除了天空和星辰，还有这个标记，让周围井然有序。"——米歇尔·布托尔（Michel Butor）

* 莱昂·克罗克（Léon Groc）《有人偷了埃菲尔铁塔》，《强硬派》杂志 7—10 月刊，1921。

** 盖·考斯特是科幻原型历史学家，《掏空的土地》系列的合作者。

樊尚·格雷戈瓦（Vincent Grégoire）

娜丽罗狄（Nellyrodi）设计工作室生活艺术总监

它和我们的想象力共舞，
将我们带入工业时代的先锋梦想中。

铁塔是典型的巴黎建筑，是继法国邮轮和协和飞机消失之后最后的巴黎象征。它是一个疯狂的梦，有一种未来主义的特质。带着这个梦想，有一个人，像一个引领者，一个上帝恩赐的人那样，将他的计划进行到底。铁塔也是一种怀旧：我们被工业时代的开端所吸引，那时法国正处于全盛时代；它将我们引向开拓者和先锋者的梦想中，那些尝试开拓新路途的人们的梦想中…… 铁塔的两面性是它最迷人的地方。既有女性的一面又有男性的一面，既庄重又轻盈，扎根在地面，头顶在天空。铁塔既复古又流行，代表了巴黎的潮流，受到各大品牌的青睐。当今，技术革命将我们引入了虚拟的世界。于是我们试图用物质净化这个时代，我们在装饰结构中看到了铁外皮、楔钉、铆钉等这些具有强有力存在感的东西，让制造的细节表现工艺的专业。最近几年来，装潢的风尚也趋向北欧文化，这些文化将我们带入到过去的工业时代里：金属、厚重、构造。而埃菲尔铁塔超越了具体的物品，它是灵感的汇聚之地。

高级定制皮鞋。克里斯蒂安·迪奥，2008—2009年秋冬时装周，巴黎。

国际奢侈品的灵感之源

“法国奢侈品和它的长盛不衰根植于法国本土，得益于国内一批专业人士和传统工艺”，这是我们从法国精品行业联合会（Comité Colbert）的材料中了解到的。总之，法国的东部盛产水晶，利穆赞盛产陶瓷，北方盛产织物，而奢侈品的技艺则在巴黎！

迪奥和埃菲尔铁塔之间有着一个爱情故事。从设计师的孩提时代起，埃菲尔铁塔就出现在他的视野中，他的母亲为格朗维尔市（Granville）设计了冬季别墅，所运用的金属结构非常接近铁塔所表现的风格。克里斯蒂安·迪奥早年就梦想成为建筑师，但因为家族的阻挠，他的梦想变成了一种信念，在他设计的服装草案中得以实现。他在1956年出版的自传《克里斯蒂安·迪奥和我》中写道：“我设计的裙子，是短时间的建筑，用来赞美女性身体的优美比例。”从他最初的几个设计系列开始，这位大设计师一直向巴黎这座最有名的建筑献礼。1947年，他的新风貌New-look设计，挑起了一场革命，让巴黎再度成为世界时尚中心。在战后风起云涌的岁月中，百废俱兴，迪奥创造了蜂腰款式的上衣，配荷叶边裙，将他的部分梦想融入到了剪裁中（单单做一条连衣裙，就需要20—40米的布料）。继“花冠”系列的纤细线条和塑形上身之后，字母剪裁依次推出：

金丝笼里的小鸟，凡妮莎·帕拉迪丝（Vanessa Paradis）轻快地吹着口哨，把玩着一瓶可可·香奈儿的香水。让-保罗·古德所推出了一款法国风情浓厚的香水。

左图：New-look 首批高级定制的裙子套装。威利·梅沃德（Willy Maywald）拍摄，1947。
右图：2010 年春夏款骑马装，克里斯蒂安·迪奥将他的梦想注入了设计中。

灵动线条系列（1953 年秋冬）、A 线条系列（1955 年春冬），灵感都直接源于铁塔的外形，由宽入窄，通过位于腰际的大幅剪裁加强大衣的垂直感。“我的埃菲尔铁塔和它的镂空优雅”，就像迪奥所说的那样。New-look 风靡全球，大获成功。记者、观光客都将迪奥和埃菲尔铁塔相联。迪奥戏称：“人们说到克里斯蒂安·迪奥公司，就像在说巴黎的一处能和铁塔媲美的神圣景点一样……”1996 年起，品牌的继承人们，不论马克·伯翰（Marc Bohan），还是詹弗兰科·费雷（Gianfranco Ferré）和约翰·加利亚诺（John Galliano），在他们的高级定制时装和配件中都使用了和十字梁接近的藤条元素。藤条系列和 Lady Dior 系列在 2008 年底同时推出。另一个围绕箱包展开的故事中，则充满了战栗。工字钢和铆钉指示了铁塔，透过它的镂空边结构，展露的是城市、蓝天、空间。玛丽昂·歌迪亚（Marion Cotillard）脚踏在巨大的鞋跟上，好像陷入枷锁，围困在金属的网格中。这个传奇的神秘箱子，简直是一场工业元素的嘉年华。

一个倩影令人想到法式的

优雅和奢华：

修身裙上的视觉错位图，

夜巴黎的指明灯。

在T台秀上，让·保罗·戈尔蒂埃展现了他与众不同的时尚眼光。我们在蒙特利尔美术博物馆的展览中可以发现："他大部分的设计系列都表现出古典和怪诞的碰撞，摇滚和传统之间的混合。"受"美好时代"、第二次世界大战、流行巴黎，当然，还有埃菲尔铁塔的深远影响，只要有需要，他就会将铁塔变成设计的主题、"巴黎女人"（La Parisienne）时装秀的灵感之源。

搭配长筒网格丝袜，运用大块红色亮片来突显黑色长裙的背部弧度，在修身丝滑的长裙上印上有城市图案的视觉假象效果图。铁塔就像第二层皮肤。在2010年5月于建筑和遗产展览馆举办的"她·装饰"活动中，让·保罗·戈尔蒂埃大量使用了他的代表性元素：海军风布景、绿色自然布景、缎面元素布景。在沉思基调布景中，巴黎和铁塔在镜面的棋盘格中交织相映。倒映在一个大型万花筒中，钢铁女神俨然成了整个场地的主角！

左图：詹尼·范思哲（Gianni Versace）设计的修身裙，具有第二层皮肤的效果，1990年春夏款。

216、217页图：让·保罗·戈尔蒂埃热爱巴黎，在"她·装饰2010—2011"活动展中，他在建筑和遗产展览馆搭建了一个装置作品，和作为巴黎绝对象征的铁塔尽可能缩短距离。

任何奇想皆能实现。各种媒介都加入到了这场图像游戏，投入到花边和幽默线条的效果之中：梦幻般的网格袜纹饰或是 2011 年秋冬季长裙的蕾丝边抹胸。让·保罗·戈尔蒂埃总能够把铁塔放在人们的脚上，印入高筒靴或精巧的手袋。

220 页图：金属结构感束胸。蒂塔·万提斯（Dita Von Teese）用她的身段点亮2010—2011年让-保罗·古德的秋冬时装周。

221 页图：从建筑和遗产展览馆看出去的铁塔。

FRAGILE
NE PAS TOUCHER

艾迪安·科歇（Etienne Cochet）

SAFI 家居公司首席执行总裁，家居和名品沙龙展策划人

“铁塔是法式优雅的象征。”

我出生并生活在马来西亚。第一次见到铁塔是在 1964 年，有幸在吉隆坡逗留的那一周。我去了一个集市，发现了一个 25 米高的铁塔，对于当时的我而言，它显得还要高！对法国象征物的初次接触令我终生难忘。除了对铁塔的认识之外，更有一种和这个蓬勃发展的奇妙的工艺制造世界接触的巨大骄傲。在世界上所有新造的塔楼中，高达 800 米的迪拜塔是纯粹高端技术的产物，令人印象深刻，却没有感动。但我们看到巴黎铁塔时，会发现建筑的整体感，工业设计理念的传承让它成就为独一无二的文化遗产。120 年以来，它在不断完善，变得具有现代感，全新的照明设计，儒勒·凡尔纳餐厅和三星大厨们令它成为一个真正的时尚指明灯。

右图：埃菲尔铁塔式发型的模特。巴黎亚历山大卡利塔发饰公司（Alexandre de Paris et Carita）1953 年 4 月 29 日出品。
224 页图：卡斯泰尔巴雅克（Jean-Charles de Castelbajac）亮相 2011 年春夏时装周海报。
225 页图：芦丹氏（Serge Luteas）眼中的埃菲尔铁塔化身成了美人鱼。

尾声：天地间的大桥

1899年，埃菲尔将他的住所安置在了埃菲尔铁塔的塔顶，他是否会想象，会有那么一天他要交出这份遗产的钥匙。轮到我们去继续经历这座天地之间的大桥。事实摆在眼前，我们穿越魔镜，创造了新的脚本。一次次将铁塔化身为玛丽昂·歌迪亚或裘德·洛。我们全身投入金属的丛林，奔跑着踏上钢铁的台阶，或按下MP3上的键，将世界置于脚下。铁塔的新居民们，就像迪诺·布扎蒂笔下的英雄们，在300米的高空之上，“我们垒起新的钢梁，一块接着一块，直上云霄”。感谢居斯塔夫！

参考书目

Ageorges Sylvain, *Sur les traces des Expositions universelles: Paris 1855-1937*, Paris, Parigramme, 2006.

Andrieux Jean-Yves, *Les Travailleurs du fer, Paris*, Gallimard, coll. Découvertes, 1991.

Barthes Roland, La Tour Eiffel, Paris, Delpire éditeur, 1964.

Bermond Daniel, *Gustave Eiffel*, Paris, Perrin, 2002.

Buzzati Dino, *Le K, Paris*, Robert Laffont, 1967.

Carmona Michel, *Gustave Eiffel*, Paris, Fayard, 2002.

Chronique d'une image: *Jean-Paul Goude aux Galeries Lafayette*, Paris, éditions de La Martinière, 2009.

Civanyan Patrice, *La Chair des Marques*, Paris, EMS, 2008.

Cordat Charles, *La Tour Eiffel*, Paris, Minuit, 1955.

Couturier Élisabeth, *Design mode d'emploi*, Paris, Flammarion, 2009.

Deswarte Sylvie et Lemoine Bertrand, *L'Architecture et les ingénieurs*, Paris, Le Moniteur, 2000.

Dior Christian, *Christian Dior et moi*, Paris, Bibliothèoue Amiot-Dumont, 1956.

Durieux Brigitte, *Le Mobilier industriel*, Paris, Aubanel, 2009.

Eiffel Gustave, *Les Grandes Constructions métalliques*, Paris, L'Amateur, 2008.

Field Marcus et lrving Mark, *Lofts*, Paris, Seuil, 1999.

Groc Léon, «*On a volé la Tour Eiffel*» in *l'Intransigeant*, sept.–oct. 1921.

Guyon Lionel, *Architecture et publicité*, Wavre (Belgioue), Mardaga, 1995.

Hamy Viviane, *La Tour Eiffel, éditions La Différence*, 1980-2010.

Le Corbusier, *L'Art Décoratif d'aujourd'hui*, Paris, Flammarion, coll. Champs, 1996.

Lemoine Bertrand, *La Tour de Monsieur Eiffel*, Paris, Gallimard, coll.Découvertes, 1989.

Les dossiers du comité Colbert, «*Luxe, savoir faire et patrimoine*» , www.comitecolbert.com

Marrey Bernard, *Le Fer à Paris.Architectures*. Éditions Picard-Pavillon de L'Arsenal, 1989.-Matériaux de Paris, Paris, Parigramme, 2002.

Mathieu Caroline, Gustave Eiffel, *Le Magicien du fer*, Paris, Skira Flammarion, 2009.

Miouel Robert, «*L'art populaire de la Tour*» in *revue La Renaissance no.3*, juin 1939.

Perriand Charlotte, *Une vie de création*, Paris, Odile Jacob, 1998.

Rozensztroch Daniel, Cliff Stafford et Sleisin Suzanne, *Lofts: un nouvel art de vivre*, Paris, Flammarion, 2001.

Stamelman Richard, *Perfume*, New York, Rizzoli, 2006.

Thomson Rupert, *L'Église de monsieur Eiffel*, Paris, Stock, 1994.

Zola Émile, *Au bonheur des dames*, Paris, Gallimard, coll. Folio, 1999.-Le Ventre de Paris, Paris, Gallimard, coll. Folio, 2002.

工业古玩收藏人

ATELIER 154 · 154, rue Oberkampf, 75011 Paris 06 62 32 79 06 · www.atelier154.com
GILLES OUDIN · Marché Paul-Bert, 93400 Puces de Saint-Ouen Allée 7-stand 405
GHISLAIN ANTIQUES · 97, rue des Rosiers, 93400 Saint-Ouen · www.ghislainantiques.com
METAL & WOODS · 49, rue Lamartine, 78000 Versailles 06 83 83 90 08 · www.metalandwoods.com
QUINTESSENCE PLAYGROUND · 3, rue Paul-Bert, 93400 Saint-Ouen · www.quintessenceplayground.com

建筑师和设计师

AGENCE PHILIPPE SIMON · 50, rue d' hauteville, 75010 Paris 01 47 70 34 30
FRÉDÉRIC AUSSET · AGENCE ZOEVOX 13, rue de La Montjoie, 93217 La Plaine-Saint-Denis 01 49 46 07 07 · www.zoevox.com
MARTINE CAMILLIERI · www.martinecamillieri.com
CAROLINE CORBEAU · www.caroline-corbeau.com
VLADIMIR DORAY · WILD RABBITS ARCHITECTURE 19,rue de La Chapelle, 75018 Paris 01 45 23 03 92 · www.wildrabbits.fr
CYRIL DURAND-BEHAR · 15, rue Lamenais, 75008 Paris 01 53 96 53 60 · www.lagencecdb.com
JACQUES FERRIER · JFA ARCHITECTURES 77,rue Pascal, 75015 Paris 01 43 13 20 20 · www.jacques-ferrier.com
KARINE HERZ · www.id-appart.com
PATRICK JOUIN · 8, passage de la Bonne—Graine, 75011 Paris 01 55 28 89 27 · www.patrickjouin.com
JULIEN KOLMONT · +M+K · 18, rue du Faubourg-du-Temple, 75011 Paris 01 47 00 16 66
PHILIPPE MAIDENBERG · 8, rue de l' Isly, 75008 Paris 01 40 15 00 31 · www.maidenbergarchitecture.com
ÉLODIE SIRE · 14, rue Eugène-Sue, 75018 Paris 01 42 02 82 72 · www.d-mesure.fr

家居装饰

ACRILA · www.acrila.com
BLANC D' IVOIRE · www.blancdivoire.com
BONJOUR MON COUSSIN · 05 57 78 29 33 · www.bonjourmoncoussin.com
DU BOUT DU MONDE · 4, rue Caumartin, 75009 Paris 01 42 68 02 08 · www.duboutdumonde.com
LES CAKES DE BERTRAND · www.lescakesdebertrand.com
LA CERISE SUR LE GÂTEAU · www.lacerisesurlegateau.fr
FLEUX · 39, rue Sainte-Croix-de-la-Bretonnerie, 75004 Paris 01 42 78 27 20 · www.fleux.com
FORESTIER · 22,rue des Vinaigriers, 75010 Paris 0140 36 13 10 · www.forestier.fr
FOSCARINI · www.foscarini.com
FRAGONARD · 20, boulevard Fragonard, 06130 Grasse 04 92 42 34 34 · www.fragonard.com
LAMPE GRAS · www.lampegras.fr
LAMPE JIELDÉ · www.jielde.com
MATHIEU LENORMAN · 31, rue de Beaune, 75007 Paris 01 42 60 69 82 · www.mathieu-lenorman.com
LOFT DESIGN BY · www.loftdesignby.com
MERCI · 111, boulevard Beaumarchais, 75001 Paris 01 42 77 00 33 · www.merci-merci.com
MERCI GUSTAVEI · www.mercigustave.com
MIS EN DEMEURE · 27,rue du Cherche-Midi,75006 Paris 01 45 48 83 79 · www.misende meure.fr
MAISONS DU MONDE · www.maisonsdumonde.com
PYLÔNES · www.pylones.com
TEO JASMIN · www.teojasmin.com

策划人

ROCHE BOBOIS · www.roche-bobois.com
STEINER · www.steiner-paris.com
VITRA · www.vitra.com

部分地址

HÔTEL JOYCE · 29, rue La Bruyère, 75009 Paris 01 55 07 00 01 · www.hotel-joyce-paris
HÔTEL DU LOUVRE · Antananarivo, Madagascar · www.hotel-du-louvre.com
LE KLAY CLUB · 4 bis, rue Saint-Sauveur, 75001 Paris · www.klay.fr
LE 58 ET LE JULES VERNE · www.restaurants-toureiffel.com

其他

VINCENT GRÉGOIRE · BUREAU DE STYLE NELLY RODI 28, avenue de Saint-Ouen, 75018 Paris 01 42 93 04 06 · www.nellyrodi.com
MAISON DE VENTES LUCIEN · 17, rue du Port, 94130 Nogent-sur-Marne et 5, rue des Lions-Saint-Paul, 75004 Paris 01 48 72 07 33
SETE · SOCIÉTÉ D' EXPLOITATION DE LA TOUR EIFFEL 1, quai de Grenelle, 75015 Paris 01 44 11 23 44 · www.toureiffel.fr
SOTHEBY' S · www.sothebys.com

图书在版编目(CIP)数据

埃菲尔风格/(法)马尔蒂娜・樊尚著;(法)布丽吉特・迪里厄主编. —北京:商务印书馆,2017
ISBN 978-7-100-12699-1

Ⅰ.①埃… Ⅱ.①马… ②布… Ⅲ.①塔—法国—图集 Ⅳ.①TU761.3-64

中国版本图书馆CIP数据核字(2016)第253479号

埃菲尔风格
〔法〕马尔蒂娜・樊尚 著
〔法〕布丽吉特・迪里厄 主编
谢津津 译

商 务 印 书 馆 出 版
(北京王府井大街36号 邮政编码100710)
商 务 印 书 馆 发 行
北京中科印刷有限公司印刷
ISBN 978-7-100-12699-1

2017年6月第1版 开本787×1092 1/16
2017年6月北京第1次印刷 印张15

定价:78.00元